ÉCHINIDES

FOSSILES DE L'ALGÉRIE

DESCRIPTION

DES ESPÈCES DÉJA RECUEILLIES DANS CE PAYS
ET CONSIDÉRATIONS SUR LEUR POSITION
STRATIGRAPHIQUE

PAR

MM. COTTEAU, PERON & GAUTHIER

NEUVIÈME FASCICULE

ÉTAGE ÉOCÈNE

AVEC HUIT PLANCHES.

PARIS

G. MASSON, ÉDITEUR

LIBRAIRE DE L'ACADÉMIE DE MÉDECINE

Boulevard Saint-Germain, 120, en face l'École de Médecine.

1885

ÉCHINIDES
FOSSILES DE L'ALGÉRIE

DESCRIPTION

DES ESPÈCES DÉJA RECUEILLIES DANS CE PAYS
ET CONSIDÉRATIONS SUR LEUR POSITION
STRATIGRAPHIQUE

PAR

MM. COTTEAU, PERON & GAUTHIER

NEUVIÈME FASCICULE

ÉTAGE ÉOCÈNE

AVEC HUIT PLANCHES.

PARIS

G. MASSON, ÉDITEUR

LIBRAIRE DE L'ACADÉMIE DE MÉDECINE

Boulevard Saint-Germain, 120, en face l'École de Médecine.

1885

ÉCHINIDES FOSSILES DE L'ALGÉRIE

DESCRIPTION

DES ESPÈCES DÉJA RECUEILLIES DANS CE PAYS
ET CONSIDÉRATIONS SUR LEUR POSITION STRATIGRAPHIQUE

PAR

MM. COTTEAU, PERON et GAUTHIER.

NEUVIÈME FASCICULE.

—

TERRAINS TERTIAIRES.

Classification des terrains tertiaires. — La classification des terrains tertiaires est, comme on le sait, très difficile. Chaque contrée a sa nomenclature spéciale et, même en France, pour certaines provinces, comme l'Aquitaine, les Pyrénées et la Provence, des géologues ont adopté une classification distincte. L'Algérie ne pouvait échapper à ces difficultés, et l'impossibilité d'y reconnaître nettement les divisions adoptées pour le bassin de Paris a conduit les géologues à employer des nomenclatures diverses et même à créer des divisions nouvelles avec terminologie spéciale (1).

Nous n'avons pas à discuter ici le plus ou moins de convenance de ces diverses classifications. Pour le but que nous poursuivons, il convient, non pas d'innover, mais d'employer au contraire une nomenclature bien connue et celle qui, laissant de côté les détails de subdivision, donne une classification aussi large que possible.

Jusqu'ici, pour les étages précédents, nous nous sommes conformés à la nomenclature si essentiellement française d'Alcide d'Orbigny, qui satisfaisait à nos besoins.

---

(1) Pomel, *Massif de Milianah;* — Brossard, *Essai sur la constitution de la subdivision du Sétif;* — Zittel, *Ueber den geol. Bau der libyschen Wüste.*

Pour les terrains tertiaires nous sommes obligés d'y renoncer. L'emploi de cette nomenclature présente dans le nord africain des difficultés que nous n'avons pu surmonter. Les géologues qui ont voulu la suivre ne sont arrives qu'à des classifications pleines d'incertitude et de désaccords.

Prenons comme exemple le terrain tertiaire inférieur. M. Brossard l'a divisé en étages suessonien et parisien, mais il a créé entre les deux un troisième étage pour les calcaires à nummulites. Son étage suessonien est caractérisé par deux fossiles assez douteux et, dans son étage parisien, aucun fossile n'a pu être signalé.

Nicaise n'a établi que deux étages pour le même ensemble de couches, l'étage suessonien, qui comprend le nummulitique, et l'étage parisien, qui n'est caractérisé que par un seul fossile, le *Nummulites lævigata*, dont la détermination n'est d'ailleurs pas sans conteste.

Coquand a reconnu dans les hauts plateaux un étage suessonien qui paraît assez bien caractérisé, mais, par une mesure qu'il a négligé d'expliquer, il a placé toutes les couches à nummulites dans l'étage parisien. Ce n'est plus là la classification de d'Orbigny.

Ainsi, sur ces trois auteurs, l'un a mis le nummulitique dans le suessonien, l'autre dans le parisien et le troisième entre les deux, comme étage distinct.

Ajoutons que Tissot a adopté dans le tertiaire inférieur algérien deux divisions, qu'il appelle étage suessonien et étage nummulitique supérieur, et qu'enfin M. Pomel ne forme de ce tout qu'un seul étage, auquel il donne le nom de terrain nummulitique, et nous aurons une idée suffisante des divergences que l'on remarque chez les géologues algériens au sujet du tertiaire inférieur.

En réalité, si l'on peut, à la rigueur, admettre en Algérie un équivalent de l'étage suessonien, on doit reconnaître que, dans ce pays, rien ne rappelle, à aucun point de vue, la subdivision à laquelle d'Orbigny a donné le nom d'étage parisien.

Pour le terrain tertiaire moyen, les difficultés ne sont pas moindres. Sans entrer, sur ce nouveau sujet, dans d'autres détails, il suffira de rappeler que M. Brossard, qui a voulu suivre la classification de d'Orbigny, a bien établi un étage tongrien puissant de 80 mètres, mais que dans cette masse il n'a pu citer pas même un seul fossile pour en justifier la classification (1). Nous verrons d'ailleurs que, dans ce même terrain, M. Pomel a introduit trois divisions nouvelles qui ne concordent pas avec celles de d'Orbigny.

Dans ces conditions, et après examen approfondi de la question, nous estimons que, pour simplifier cette étude, il convient de recourir uniquement à la classification de Lyell, dont l'usage est devenu assez général, pour les terrains tertiaires, et nous diviserons en conséquence le terrain tertiaire du nord africain en trois grandes parties, qui seront :

1° L'étage éocène, comprenant les étages suessonien et parisien d'A. d'Orbigny, le terrain nummulitique des auteurs, et l'étage libyen de M. Zittel.

2° L'étage miocène, comprenant les étages tongrien et falunien de d'Orbigny, les étages cartennien, helvétien et sahélien de M. Pomel, etc.

3° L'étage pliocène, comprenant l'étage subapennin de d'Orbigny, partie du terrain saharien de Ville et l'étage tertiaire supérieur des auteurs.

Ainsi établie, la distinction des trois étages tertiaires est en général très facile en Algérie. Presque toujours ils se présentent isolément et indépendants les uns des autres. Les systèmes de soulèvement des Pyrénées, de Corse et Sardaigne et des Alpes occidentales, qui tous paraissent avoir joué un rôle important dans le nord de l'Afrique, ont divisé les terrains tertiaires de manière à en rendre la classification relativement facile, en se bornant aux grandes divisions que nous venons d'indiquer.

1) *Loc. cit.*, p. 265

ÉTAGE ÉOCÈNE.

Le terrain tertiaire inférieur revêt habituellement en Algérie le facies nummulitique. C'est, en général, un terrain assez ingrat, au point de vue paléontologique. Dans certaines régions il se montre absolument dépourvu de fossiles et, dans la plupart des autres, il n'offre à l'observation que des nummulites, parfois en quantité prodigieuse. Quelques localités privilégiées existent cependant dans les hauts plateaux qui ont pu fournir des fossiles nombreux et bien conservés et aussi des échinides assez variés. Ces localités feront l'objet, dans ce travail, d'un examen un peu plus détaillé.

Au point de vue pétrologique cet étage montre une composition assez constante et uniforme. Les grès y dominent, mais on y trouve aussi des calcaires en bancs épais, des calcaires marneux, des argiles, du silex, du gypse, etc.

Son épaisseur totale est considérable. En additionnant les différents termes connus de la série éocène, on peut évaluer à 400 mètres au moins la puissance totale de l'étage.

C'est incontestablement les roches de ce terrain qui jouent le rôle le plus important dans la constitution des grandes montagnes du Tell africain. Les bancs gréseux résistants et les durs calcaires à nummulites forment les sommets d'un grand nombre de montagnes des plus importantes.

Sous le rapport stratigraphique, la situation du terrain éocène est des plus variables. On le voit superposé à peu près à toutes les formations plus anciennes, depuis celle des schistes cristallins jusqu'à l'étage crétacé le plus élevé.

Presque toujours on remarque entre les couches éocènes et la formation sous-jacente une discordance absolue de stratification ; mais parfois aussi on les voit reposer sur des couches beaucoup plus anciennes sans aucune discordance apparente. Il arrive même, sur quelques points de la région nord du Hodna, que l'étage éocène paraît continuer sans aucune interruption la série crétacée supérieure, dont il est alors assez difficile de le séparer.

D'une façon générale, l'étage éocène se montre dans le nord africain en deux larges bandes parallèles au rivage ; l'une dans le Tell et la seconde, un peu plus au sud, dans la partie septentrionale des hauts plateaux. Dans l'extrême sud algérien et dans le Sahara nous ne le connaissons pas, au moins à l'état de dépôt marin. On a cependant attribué à cette époque certains amas de poudingues et des marnes avec silex que l'on voit sur certains points de la bordure du Sahara. Cette classification de ces dépôts ne semble pas d'ailleurs admise par d'autres géologues qui les ont étudiées.

Les deux grandes bandes que forme le terrain éocène ne sont ni régulières ni continues. Souvent des étranglements ou même de larges interruptions se montrent. Parfois aussi les bandes se dédoublent en deux branches plus ou moins espacées. Il est facile alors, sur la plupart des points, de constater que ce n'est que par suite de dénudations considérables que certaines parties de ces terrains ont disparu. Évidemment la mer éocène a occupé dans le Tell toute cette large zone comprise entre la formation des schistes cristallins, qui garnit une grande partie du littoral, et la formation crétacée, qui forme le seuil et le sous-sol des hauts plateaux.

La bande des hauts plateaux est plus irrégulière encore que celle du Tell, et les lacunes y sont plus nombreuses et plus importantes. Cependant, le jalonnement est encore bien indiqué par de larges témoins, et on retrouve facilement l'ancienne extension de la mer éocène.

Dans chacune des deux grandes zones que nous venons d'indiquer les caractères du terrain éocène sont très sensiblement différents. Il sera donc nécessaire de les examiner successivement.

Étage éocène du Tell algérien. Région au nord de Constantine. — C'est dans la chaîne de montagnes qui forme le Tell de la province de Constantine que le terrain éocène est le plus important et occupe les plus larges espaces. La plus grande partie de ce vaste quadrilatère, compris entre La Calle et Philippeville au nord et Soukarras et Constantine au sud, est occupée par les roches du terrain tertiaire inférieur.

Plus à l'ouest, la bande se rétrécit un peu et se bifurque pour aller d'une part occuper, au nord de la Kabylie orientale, une partie du littoral méditerranéen et, plus loin, s'élargir et former la masse principale des montagnes du Djurjura, et de l'autre part pour aller former, autour de Sétif, de Bordj-bou-Areridj et des Portes-de-Fer, une zone montagneuse qui se prolonge dans la province d'Alger, où nous la retrouverons.

La composition pétrologique de l'étage éocène est, comme nous l'avons dit, très constante et uniforme. Elle comprend à la base des schistes argileux avec bancs de grès, puis des couches puissantes de calcaires avec nummulites et enfin, à la partie supérieure principalement, des bancs épais de grès jaunâtres ferrugineux. Cet ensemble, toutefois, ne représente vraisemblablement que la partie supérieure du terrain éocène, c'est-à-dire celle à laquelle les auteurs ont affecté plus spécialement le nom d'étage nummulitique. La partie inférieure ou suessonienne ne paraît guère représentée dans ces régions montagneuses, et c'est seulement dans les hauts plateaux que nous la rencontrerons.

Indépendamment des roches que nous venons d'indiquer, et qui constituent normalement l'étage éocène, il en est quelques autres utiles à mentionner.

M. Tissot (1), notamment, a considéré comme appartenant à la période qui nous occupe, de grandes masses de poudingues développées au sud de Collo, autour des schistes cristallins. Ce même géologue attribue également au terrain éocène le fameux gisement de marbre blanc du Djebel Filfilah, à l'est de Philippeville, que les géologues précécents, et Coquand en particulier, attribuaient au terrain jurassique (2). Ce marbre ne serait qu'une altération métamorphique des calcaires éocènes due au contact des divers massifs éruptifs de cette région.

Cette assertion est assez difficile à contrôler, car le marbre en

(1) *Notice géologique et minéralogique sur le département de Constantine.*

(2) Coquand, Description géol. de la prov. de Constantine, *Mém. Soc. géol. de France.*

question est enclavé étroitement entre deux massifs de roches granitiques sans qu'il soit possible de voir sur quelles couches il repose, ni par quelles assises il est surmonté. Dans les vastes carrières, ouvertes depuis des temps très reculés pour l'extraction du marbre, on ne peut non plus apercevoir même une trace de fossile, et il faut admettre sans doute que l'altération subie par la roche a fait disparaître les nummulites qui devaient s'y trouver, comme dans tous les calcaires environnants. Quoiqu'il en soit, les considérations qu'a fait valoir Tissot à l'appui de sa manière de voir sont sérieuses, et il convenait de signaler ici cette question.

Mentionnons, pour en finir avec les caractères minéralogiques de l'étage éocène, la présence du fer oligiste et de traces de combustible minéral dans les schistes inférieurs.

Ainsi que nous l'avons dit, l'étage éocène du nord est très pauvre en fossiles. Les grès supérieurs, à notre connaissance, n'en ont encore fourni aucun. Les calcaires subordonnés seuls sont très riches en nummulites, mais nous n'y connaissons aucun autre fossile. Un beau type de ce terrain se trouve sur la route de Philippeville à Constantine, auprès du village d'El-Kantour. On le trouve également au Djebel Sidi-Cheik-ben-Rohou et dans de nombreuses autres localités. Parmi les espèces de nummulites recueillies sur ces points, d'Archiac a reconnu les suivantes :

Nummulites biarritzana.
— *complanata.*
— *Ramondi.*
— *spissa.*

Dans toutes ces contrées la stratification des assises éocènes est très compliquée et souvent insaisissable. Les couches sont souvent très contournées et pliées, et fréquemment elles viennent buter à angle droit contre des formations plus anciennes.

Entre Ghelma et Bône, Coquand a cité les montagnes des Djebel Deba et Djebel Aouara que traverse, au nord d'Heliopolis, la route de Bône par le col du Fedjouj, comme formées par l'étage éocène. Le versant méridional serait occupé par des calcaires et des schistes argileux, et les sommets et le versant nord par les grès, ce qui est bien conforme à la constitution de l'étage. Cependant il résulte des études de M. Tissot qu'une grande partie de ces couches, notamment toutes celles comprises entre Heliopolis et Nechmeya, appartiendraient au terrain crétacé supérieur.

De ces points, les terrains éocènes s'étalent à l'ouest de notre colonie sur un espace considérable et pénètrent en Tunisie, où ils vont former les montagnes du pays des Kroumirs, pour de là se prolonger jusqu'à Tunis.

Montagnes de la Kabylie. — Nous avons dit plus haut que les roches du terrain éocène occupaient à l'ouest de Bougie une large zone dans les montagnes de la grande Kabylie, et que cette zone pénétrait dans la province d'Alger par les montagnes du Djur-jura. Ce sont, en effet, les couches de ce terrain qui, redressées jusqu'à la verticale, forment les crêtes les plus élevées de ces montagnes. Elles dessinent presque tout autour du massif cristal-lophyllien de la grande Kabylie une ceinture épaisse, enfermant dans cette enceinte des îlots de terrain tertiaire moyen superpo-sés directement aux schistes cristallins, ce qui indique nettement une suite de mouvements d'affaissement et d'exhaussement con-sidérables dans cette région pendant la période tertiaire.

Dans cette chaîne du Djurjura, Nicaise annonce (1) avoir recueilli le *Nummulites lœvigata* sur plusieurs points, notamment sur le versant méridional, dans le nord-est du Tamgout de Lella Khédidja, non loin de Tizi N'Kouilat et dans les environs de Dra-el-Mizan. D'autre part, M. Pomel a placé dans son étage helvétien une bande de terrain qui passe par cette dernière loca-lité et est comprise entre deux affleurements de nummulitique. Nous avons nous-même étudié cette région et voici la succession que nous y avons observée :

Au plus bas de la vallée, près de Dra-el Mizan, des calcaires en petits bancs bien réglés, blanchâtres, mêlés de bancs de grès, également blanchâtres et de bancs de poudingues composés de fragments calcaires usés et arrondis, des argiles grises, puis au-dessus de Dra-el-Mizan, de nouvelles argiles et des bancs puis-sants de grès jaunes et rougeâtres. Tout le haut de la montagne est occupé par ces grès, dont les bancs sont à peu près verticaux.

____

(1) *Catal. des Animaux fossiles de la prov. d'Alger*, p. 84.

Sur le versant méridional ils deviennent très ferrugineux, micacés, d'un brun très foncé et passent à de véritables quartzites très dures, à cassure brillante.

On retrouve encore sur ce point des poudingues à éléments calcaires roulés. Toute la longue crête qui sépare l'Oued-Djema de la vallée de Bouïra est encore formée par des argiles rouges épaisses et des grès ferrugineux sans fossiles. C'est seulement vers Aïn-Tiziret que le terrain crétacé apparaît. Dans toute cette série je n'ai pas rencontré les calcaires gris à *Nummulites lævigata* signalés par Nicaise.

D'après ce géologue, l'étage parisien du versant méridional du Djurjura comprendrait des marnes grises, des calcaires bleuâtres. des poudingues, et çà et là. des calcaires compactes gris remplis de *Nummulites lævigata,* disposés en couches très irrégulières, très disloquées et corrodées. Il est évident pour nous que cette série de couches ne peut représenter qu'une partie de l'étage, car on n'y trouve pas les grès si puissants qui existent au sommet et sur le versant septentrional.

Région occidentale du Tell de la province d'Alger. — En dehors de la chaîne du Djurjura et en avançant vers l'ouest on rencontre encore l'étage éocène bien développé et caractérisé par d'innombrables nummulites, non loin d'Alger, dans la chaîne du Bouzegza. Puis, plus à l'ouest, un petit lambeau se montre au Chenoua, près de Cherchell, et enfin un lambeau plus petit encore au Cap Tenès.

Nous n'avons rien de saillant à mentionner sur ces localités. Les fossiles y sont comme partout extrêmement rares en dehors des nummulites. Sur certains points, comme dans le Bouzegza, des calcaires bréchoïdes, colorés, sont exploités comme marbres. Au Chenoua, comme à Dra-el-Mizan. on rencontre des bancs de poudingues très puissants à la base de l'étage (1).

Environs de Sétif, de Bordj-bou-Aréridj et de Msilah. — Dans la partie méridionale du Tell. l'étage éocène forme, comme nous l'avons dit, une branche divergente qui, entourant au sud le

____

(1) Pomel et Pouyanne, texte explicatif, p. 32.

massif crétacé de la Kabylie orientale, des Bibans et des environs d'Aumale, vient occuper la région au nord de Sétif, autour de Bordj-bou-Aréridj, et tout le sud d'Aumale.

Auprès de Sétif et entre cette ville et Bordj-bou-Aréridj, le terrain éocène est caractérisé surtout par des calcaires marneux gris cendré dont certaines couches sont remplies de silex bleu foncé noyé dans la pâte, puis par des marnes bronzées, micacées, psammitiques, et des grès en plaquettes régulières. Renou a mentionné [1] auprès de Sétif, dans les grès, des fossiles assez nombreux, changés en silex noirs et bien conservés. Ils ne sont pas nommés et nous n'avons pu les retrouver. Des traces de bitume et de pétrole ont été signalées dans les calcaires marneux à silex. Ces dernières couches sont totalement dépourvues de fossiles partout où nous avons pu les explorer, notamment au Moulin du Bou Sellam, au sud d'Ain-Tagrout, où ils sont très développés, et enfin au nord de Msilah, au kef Matrek.

Aux environs immédiats de Bordj-bou-Aréridj, et entre ce village et le petit caravansérail de Medjès-el-Foukani, ce sont les grès en plaquettes, les quartzites et les marnes micacées qui se montrent, c'est-à-dire sans doute la partie supérieure de l'étage, mais, en suivant la route de Msilah, au-delà de Medjès et près des sources chaudes du Hammam, on trouve l'éocène inférieur surmontant en stratification concordante le terrain crétacé supérieur que nous avons décrit précédemment [2].

Sur ce point la série est plus complète. Elle commence au-dessus des dernières marnes à *Ostrea Overwegi* de l'étage danien, par des marnes noires et des calcaires gris, remplis de silex noirs, que l'on voit notamment près du barrage de l'Oued Ksab à El-Hammam. Au-dessus viennent des calcaires gris cendré en bancs épais, alternant avec des marnes, puis des marnes jaunes et des marnes vertes, avec lits très nombreux de gypse cristallin. Ces marnes sont par places, feuilletées et rubannées. Un poudingue quaternaire en recouvre la tranche supérieure. Après les marnes gypsifères viennent quelques bancs de grès en plaquettes,

---

(1) *Exploration scientifique de l'Algérie. — Géologie*, p. 35.
(2) Voir 7ᵉ fascicule.

puis des marnes lie de vin, des grès rougeâtres, de nouvelles marnes vertes, etc., formant une épaisse série dans laquelle nous n'avons aperçu aucun fossile. C'est seulement au-dessus que l'on arrive à des grès sableux et marneux qui, par places, renferment de nombreux fossiles et notamment l'*Ostrea crassissima* et que l'on doit en conséquence attribuer à l'étage miocène.

Cette localité est le point le plus méridional de toute cette région où nous ayons constaté l'existence des couches éocènes. Plus au sud, dans tout le cercle de Bou-Saada non plus que dans celui de Laghouat, nous n'en avons aperçu aucune trace. Nous rappelons cependant que, d'après Tissot, c'est à l'étage qui nous occupe que l'on doit rapporter certains dépôts erratiques et certains terrains avec silex qui existent au sud du Djebel Bou-Khaïl.

Au sud de Sétif, dans la plaine des Righa-Dahra, on rencontre un étage éocène qui a une certaine analogie avec les couches supérieures que nous venons d'observer sur l'Oued Ksab et qui diffère beaucoup des couches de Sétif. Ce sont principalement des argiles puissantes, rouges, vertes, etc., et des bancs de gypse stratifié. Cet ensemble paraît indépendant des couches à silex que nous connaissons à la base de l'étage, car on le voit près du petit lac salé d'Aïn-Baïra, reposer directement sur l'étage cénomanien.

C'est cette raison sans doute qui avait conduit M. Brossard à séparer du suessonien ces marnes multicolores pour les assimiler à l'étage parisien.

Ces couches d'argile rougeâtre et de gypse forment, en partie, les rives du lac dont nous venons de parler et ont fourni vraisemblablement le chlorure de sodium qui a salé les eaux de ce lac; puis elles constituent une longue colline qui s'étend au nord, le long de la plaine des Righa Dahra. Elles forment en outre le Djebel Sdim et viennent enfin affleurer dans la plaine même près du petit chott du Djebel Youssef.

A l'ouest de ce point le terrain gypsifère ne semble plus isolé. Il surmonte une masse de calcaires gris marneux dont certains bancs sont fossilifères. M. le Mesle y a recueilli avec nous plusieurs espèces d'huîtres, dont l'une est voisine de l'*Ostrea multi-*

costata, très répandue, comme nous allons voir, dans l'éocène des hauts plateaux, mais dont les côtes sont plus fines et plus nombreuses et la forme plus arrondie et plus régulière.

Environs d'Aumale. — De Bordj-bou-Aréridj la bande méridionale du terrain éocène se prolonge dans la province d'Alger par le Djebel Ouennougha, au sud de Mansourah, de Ben-Daoud et de l'Oued-Okris, et par le Djebel Dirah, au sud d'Aumale.

Dans les montagnes de l'Ouennougha, M. Brossard a rencontré, notamment au Djebel Kasbah, des calcaires bleuâtres et noirâtres pétris de Miliolites et de *Nummulites perforata*. Plus loin dans l'ouest, c'est-à-dire aux environs d'Aumale, le terrain éocène commence à prendre un facies mixte qui le rapproche de celui que nous allons signaler dans les hauts plateaux. Les nummulites semblent disparaître, et par contre les couches marneuses inférieures deviennent très fossilifères. L'*Ostrea multicostata* paraît être l'espèce dominante et caractéristique de ces couches inférieures. On la rencontre dans toutes les localités et parfois en quantités énormes. Aux environs d'Aumale, nous citerons le flanc nord du Garn-es-Salem, les rives de l'Oued Souagui et surtout les bords du petit ruisseau nommé Oued Dfila, chez les Ouled-Si-Moussa. On trouve sur ce point, après les grès ferrugineux redressés et les argiles qui occupent le versant sud du Djebel Dirah, jusqu'au delà de l'Oued Ben-Aïa, des calcaires marneux, gris, avec silex, qui sont littéralement pétris d'*Ostrea multicostata* (1).

Le sol est jonché de valves et de débris de ce fossile et on peut, dans quelques couches, en recueillir des exemplaires nombreux en parfait état de conservation. Quelques gastéropodes se montrent au milieu de ces bancs d'huîtres, mais ils sont rares et mal conservés et c'est surtout à l'état d'empreinte sur des huîtres, à leur point d'attache, qu'on peut les étudier.

Nous croyons utile de figurer ci-dessous la disposition des couches dans ce gisement intéressant.

---

(1) Il y lieu de remarquer ici que ce fossile est le même que Nicaise a désigné sous le nom d'*Ostrea bogharensis*. Son identité avec l'*Ostrea multicostata*, du nummulitique des Pyrénées, n'est pas douteuse, et le nom adopté par Nicaise doit passer en synonymie.

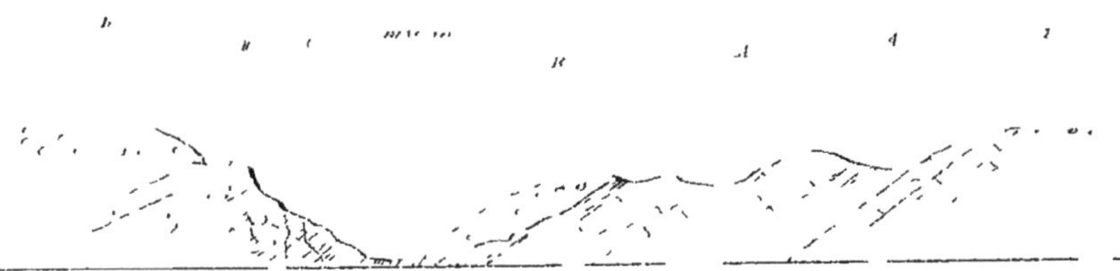

A. — Marnes grises et bancs de calcaire gris pétris d'*Ostrea multicostata*.

B. — Alluvions, argiles et sables remplis de cailloux roulés de grès et de silex.

C. — Marnes très argileuses, noirâtres, plissées, remplies de veines de chaux carbonatée cristallisée se croisant en tous sens.

D. — Bancs de grès jaunes et rouges.

Environs de Boghar et de Médéah. — Le terrain tertiaire inférieur est encore largement représenté dans la partie centrale de la province d'Alger. Nous l'avons reconnu auprès de Boghar et sur plusieurs points des environs, notamment dans la plaine des Ouled-Moktar, où les calcaires nummulitiques forment de nombreux îlots au milieu des alluvions sahariennes. Nous citerons notamment le campement de Birin à 40 kilomètres nord-est d'Aïn-Ousserah, où l'on voit des crêtes de calcaire dur pétri de nummulites percer la croûte saharienne.

Nous avons également aperçu dans ces calcaires de nombreux débris d'échinides, mais nous n'avons rien pu obtenir qui soit déterminable.

Auprès de Boghar le terrain éocène forme la base des collines et nous pensons qu'on doit rapporter à cet étage une partie des marnes à petits fossiles ferrugineux qu'on observe au-dessous du village. M. Thomas, qui a étudié cette localité avec un soin tout particulier, ne paraît pas partager cette manière de voir. Dans les marnes en question il a recueilli une faune nombreuse, tout à fait analogue à celle que nous avons nous-même rencontrée à Aïn-Tiferouin, entre Sétif et Batna et dont nous parlerons plus

loin. Les fossiles sont petits et en général d'espèces inconnues.
Ce sont des gastéropodes, des acéphales, quelques dents de
poisson et des restes de crustacés. Le *Megasiphonia zigzag* s'y
trouve abondamment. Enfin M. Thomas signale dans cette localité quelques oursins, mais qui semblent provenir de couches
plus élevées.

Au-dessous de ces marnes se trouvent des grès schisteux,
jaunes, qui contiennent de nombreuses empreintes végétales,
paraissant formées par de grandes algues.

Auprès de la Smalah de Moudjebeur, M. Thomas a recueilli
aussi l'*Ostrea multicostata*, en assez grande abondance.

Nicaise, qui a étudié également ces localités, a donné (1) la
composition suivante à l'étage suessonien de Boghari :

1° A la partie inférieure, des marnes séléniteuses avec nombreux débris d'*Ostrea bogharensis (O. multicostata)* disséminés ;

2° Couches composées de débris d'*O. bogharensis* agglutinés ;

3° Couches alternantes de marnes jaunâtres et de marnes
blanchâtres, assez dures, dans lesquelles se remarquent encore
de nombreux débris d'Ostrea et des moules intérieurs de *Turritella* et de *Fusus* ;

4° Grès jaunâtre plus ou moins dur ;

5° Alternances de marnes sablonneuses jaunâtres et de marnes
blanchâtres plus ou moins dures ;

6° Marnes terreuses jaunâtres avec debris d'*Ostrea* et cristaux
de gypse laminaire ;

7° Couches composées de débris d'*Ostrea* agglutinés.

Indépendamment du gisement de Boghari, Nicaise a observé à
6 kilomètres, dans le sud de cette localité, un affleurement d'étage
suessonien composé de couches alternantes de grès et de marnes
gris-jaunâtres, dirigées N. S., presque horizontales, disposées en
corniche au-dessus de celles de la craie supérieure qui leur ser-
vent de base. Dans ces couches, Nicaise (2) dit avoir recueilli,
entre autres fossiles, l'*Hemiaster obesus*, Desor, caractéristique
de l'étage suessonien.

L'*Hemiaster obesus* est bien, en effet, une espèce du nummuli-

(1) *Loc. cit.*, p. 24.
(2) *Catalogue des Animaux fossiles, etc.*, p. 25.

tique des Corbières, mais il nous paraît très probable que l'espèce recueillie par Nicaise auprès d'Aïn-Seba, sur la rive gauche du Chélif, n'est pas identique à ce dernier oursin.

Il est évident que la détermination du fossile cité par Nicaise a été donnée par Coquand, qui a eu communication de tous les matériaux de Nicaise et en a décrit toutes les espèces nouvelles. Or, Coquand avait lui-même assimilé au *Periaster* (*Hemiaster*) *obesus* du midi de la France un oursin qu'il avait recueilli dans le sud de la province de Constantine, et cet oursin, comme il sera expliqué dans les descriptions d'espèces, ne peut aucunement être ainsi déterminé. C'est un vrai *Schizaster* dont nous faisons le type d'une espèce nouvelle, le *S. Meslei*.

Quoiqu'il soit de la détermination adoptée par Nicaise, la présence de cet oursin est intéressante à signaler ici ; il faut espérer que, quand ce gisement sera mieux connu, on reconnaîtra qu'il est synchronique de ceux que nous étudierons dans les montagnes de l'Aurès.

Dans cette même région des environs de Boghar, mais un peu plus au sud et de l'autre côté du massif des M'fatah, sur la limite des hauts plateaux, M. Thomas a étudié une succession de couches plus complète que celle de Boghar. L'étage éocène y débute par des marnes et des calcaires marneux à rognons de silex, auxquels succèdent des calcaires à nummulites, des argiles, des grès, etc. Cet ensemble a la plus grande analogie avec une autre série que M. Thomas a observée dans le sud-est de Médéah, à environ 50 kilomètres de cette ville, et sur lequel notre savant correspondant a bien voulu nous envoyer des détails que nous sommes heureux de pouvoir reproduire, car ils complètent bien les renseignements que nous possédons sur l'étage éocène de cette région.

Dans la localité en question, on observe, à partir de la grande plaine d'alluvion qui s'étend jusqu'au campement de Birin, dont nous avons parlé plus haut, une série de crêtes qu'on appelle le Kef Guebli, le Kef Oum-el-Adham et le Drâ-el-Outh, qui sont toutes constituées par le terrain tertiaire.

Au Kef-Guebli, qui forme le seuil des hauts plateaux, l'étage miocène forme la masse de la colline et repose en stratification

2

discordante sur des alternances de marnes et de calcaires appartenant sans doute au terrain crétacé supérieur.

Dans ces couches miocènes, que nous étudierons dans le fascicule suivant, M. Thomas a rencontré un beau gisement de polypiers sur lequel M. Bleicher a donné de précieux renseignements (1).

A un niveau plus élevé que les couches qui forment le substratum du Kef-Guebli, on observe à la base du Kef-Oum-el-Adham, un banc puissant rempli d'énormes rognons de silex, aux formes bizarres, noirs à l'intérieur et couverts d'une épaisse patine blanche. Ces rognons désagrégés ont été comparés par les Arabes à des ossements calcinés, et c'est de là qu'est venu le nom de cette localité, qui signifie : *Mer des os*.

Au-dessus de ce banc à silex règne une alternance de marnes et calcaires marneux assez fossilifères, mais dont les fossiles sont mal conservés. M. Thomas y a recueilli des troques, des turritelles, des volutes, un gros nautile, des bivalves et quelques rares radioles de *Cidaris*, qui malheureusement ont été égarés.

Le sommet du Kef est formé par un banc puissant de calcaire blanc entièrement pétri de petites nummulites.

Les assises qui forment le Dra-el-Outh sont encore superposées aux précédentes, car tout cet ensemble plonge régulièrement vers le nord-ouest, et il est facile de suivre la superposition des assises.

Des marnes grises forment la base de cette nouvelle colline et contiennent des plaques minces d'une lumachelle entièrement formée de débris d'huîtres, parmi lesquelles une petite huître costée ressemble beaucoup à l'*O. multicostata*. Au-dessus viennent des bancs de grès jaunâtres, assez tendres. M. Thomas y a observé quelques lithodomes qui ont perforé la roche, et des moules grossiers de cônes et de volutes.

Au-dessus, enfin, de nouvelles couches, que M. Thomas rapporte encore à l'éocène, dessinent une troisième crête, et ces dernières couches supportent les assises miocènes. C'est ce dernier

---

(1) Note sur les gisements de polypiers des terrains tertiaires des provinces d'Oran et d'Alger, *Bull. Soc. géol. de France*, 1875, t. III, p. 284.

terrain qui occupe le reste de la région jusqu'à l'Oued Seghouan, où apparaît un îlot de roche éruptive avec gypse, marnes salifères, etc.

Au-delà de cet îlot, on retrouve le terrain crétacé.

Environs de Teniet-el-Haad. — Le terrain éocène que nous venons d'étudier dans les environs de Boghar, se prolonge encore quelque peu dans l'ouest du Tell de la province d'Alger, où il vient former quelques îlots de moins en moins étendus. Un de ces îlots est précisément l'un des gisements les plus intéressants pour notre monographie, parce qu'il renferme de nombreux échinides, ce qui, comme nous l'avons vu jusqu'ici, n'est pas habituel aux couches éocènes du Tell algérien.

Le gisement en question se trouve au Kef-Iroud, petite montagne située à 22 kilomètres environ au sud-ouest de Teniet-el-Haad, non loin de la localité appelée Ain-Toukria, où l'on peut aller prendre gîte,

Le Kef-Iroud a été visité déjà par de nombreux explorateurs et les fossiles de cette localité sont assez répandus dans les collections algériennes, mais néanmoins peu connus. Parmi ces explorateurs nous devons citer : MM. Marès, Letourneux, Bourguignat, Mac-Carthy, Nicaise, notre ami M. le Mesle, qui a bien voulu nous communiquer ses observations sur le Kef-Iroud, ainsi que le produit de ses recherches et les renseignements qui lui ont été donnés à lui-même par l'éminent savant algérien, M. Letourneux, et enfin M. Pomel, qui vient de publier sur cette localité une intéressante monographie.

La colline est formée par un lambeau de terrain éocène qui surgit au milieu des couches de l'étage miocène et devait vraisemblablement former dans la mer de cette dernière époque un ilot rocheux en grande partie émergé.

Les grès miocènes l'entourent de tous côtés, de manière à l'isoler complétement, et aucun autre gisement éocène n'existe dans les environs. Il est donc difficile d'obtenir par la stratigraphie des indications précises sur l'âge réel du gisement. La paléontologie, d'ailleurs, ne nous offre guère plus de secours à ce sujet, car la faune est toute spéciale et en grande partie nouvelle.

D'après les renseignements de M. Pomel (1), la partie supérieure
du Kef Iroud est formée, sur une quarantaine de mètres de hauteur, par de gros bancs de grès marneux ou calcarifères, dont
plusieurs sont quelque peu chloriteux. Ces bancs se désagrègent
plus ou moins facilement et donnent lieu à des escarpements
caverneux servant de refuge aux pigeons sauvages, d'où le nom
de rocher des pigeons également donné à la montagne.

La crête est dirigée du nord au sud et les bancs, légèrement
inclinés vers l'est, forment vers cette partie des gradins succes-
sifs.

Sur le versant occidental, es bancs de grès sont superposés à
des marnes argileuses grises ou un peu chloriteuses.

L'épaisseur de ce substratum marneux est inconnue, mais
M. Pomel estime à cinquante mètres environ la portion qui est à
découvert, On y observe des zones dures, plus calcaires, qui sont
pétries d'orbitoïdes.

M. Pomel n'a pu recueillir dans ce terrain que des mollusques
indéterminables. Il en est de même des fossiles recueillis par
M. le Mesle, qui sont tous en mauvais état. Ce sont des *Pecten,
Lima, Ostrea*, etc. Seuls, les oursins sont abondants et assez bien
conservés. M. le Mesle a bien voulu nous en communiquer une
grande quantité, parmi lesquels nous avons pu choisir de bons
exemplaires qui sont décrits et figurés dans ce travail.

Ces oursins se rencontrent surtout dans une couche située
vers le milieu de l'assise des grès, couche assez tendre, qui se
désagrège facilement, laissant ainsi les fossiles à nu, sur le plateau ou dans les débris qui gisent au pied des escarpements.

L'un de nous, d'après les renseignements qui avaient été four-
nis, a signalé les nummulites comme abondantes au Kef Iroud.
Ce serait une erreur, d'après les nouvelles recherches de M. Pomel. Une seule espèce très petite de nummulite se trouve dans
cette localité, et les fossiles qui ont donné lieu à la méprise
seraient des orbitoïdes. Ces derniers fossiles seuls sont réellement
abondants, aussi bien dans les grès que dans les argiles de la
base.

Nous reproduisons ci-dessous, d'après une communication de

____
(1) Matériaux pour la carte géologique d'Algérie, p. 12.

M. le Mesle, un croquis de M. Letourneux représentant une vue et la disposition des couches au Kef-Iroud.

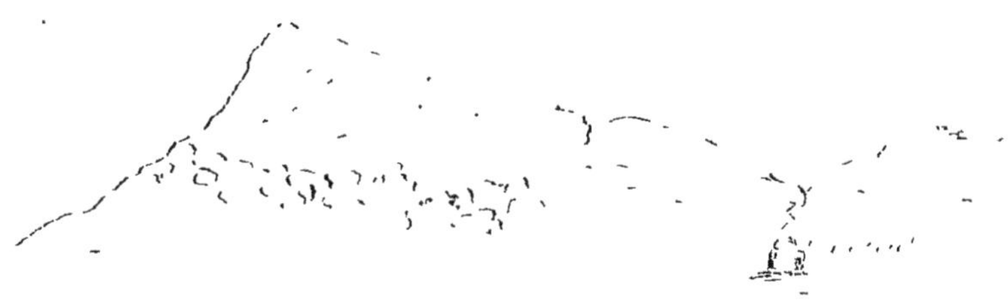

Nicaise avait mentionné, comme ayant été recueillies par lui au Kef-Iroud, les espèces d'Échinides ci-après :

Schizaster rimosus.

Spatangus Hofmanni.

Echinolampas Escheri.

Nous n'avons pas eu connaissance de ces espèces, mais les communications de M. le Mesle nous ont permis de déterminer et de décrire 17 espèces d'Oursins, dont plusieurs nouvelles. Ce sont :

Echinocardium nummuliticum, exempl. unique.

— *dubium,* —

Sarsella mauritanica, Pomel ; assez commun.

Euspatangus cruciatus, commun.

— *subrostratus,* rare.

— *Hagenmulleri,* rare.

Tuberaster tuberculatus, exempl. unique.

Macropneustes elongatus, —

— *abruptus,*

Schizaster vicinalis,

Linthia bisulca, exempl. unique.

Pericosmus Nicaisei, Pomel.

Echinanthus Badinskii, Pomel ; rare.

Echinolampas dilatatus, rare.

— *Nicaisei,* rare.

— *florescens,* Pomel ; très commun.

— *sulcatus.* Pomel ; commun.

A ces espèces, il faut ajouter le *Schizaster Mac-Carthyi* et le *Clypeaster atavus*, cités par M. Pomel, et que nous ne connaissions pas.

Sur cette faune, une espèce, le *Schizaster vicinalis*, se retrouve en France, dans le terrain éocène de Biarritz et peut-être dans le Vicentin.

Nous signalons enfin un nouveau genre, propre jusqu'ici à cette localité, le genre *Tuberaster*, qui ne renferme encore que la seule espèce *T. tuberculatus*.

Terrain éocène dans les hauts plateaux du sud de Constantine. — Indépendamment des nombreuses localités où nous avons déjà signalé dans la province de Constantine l'existence du terrain éocène, nous avons encore à étudier dans cette province de larges espaces où ce terrain affleure au milieu des montagnes des hauts plateaux et principalement dans le Djebel Aurès.

Les géologues qui ont le plus étudié ces gisements, les considèrent comme représentant plus particulièrement l'étage suessonien de d'Orbigny, c'est-à-dire la partie inférieure des terrains éocènes. La vérité est que ces terrains sont en général superposés au terrain crétace et qu'ils affectent un facies sensiblement différent de celui des calcaires à nummulites et des grès éocènes du littoral.

Les affleurements en question se montrent principalement d'abord en îlots assez restreints autour de Tebessa, puis en longues bandes, dirigées du nord-est au sud-ouest, au milieu de l'Aurès, dans le sud de Krenchela et de Batna. Notre infatigable correspondant et ami, M. le Mesle, a pu visiter quelques-unes des localités les plus intéressantes et nous a communiqué d'importants matériaux que nous décrivons dans ce fascicule.

Nous avons pu également avoir communication des Échinides recueillis par Coquand dans ces mêmes régions et nous possédons ainsi des renseignements assez complets sur la faune échinitique de ces terrains.

Nous emprunterons d'ailleurs à l'ouvrage de Coquand quelques indications stratigraphiques concernant les principaux gisements, indications que M. le Mesle a reconnu être fort exactes.

Après avoir quitté Constantine pour prendre la route des hauts plateaux, nous rencontrons tout d'abord dans l'ouest des Ouled-Ramoun, entre ce village et le Bordj-ben-Zekri, un important affleurement de terrain éocène inférieur. Quoique nous ayons parcouru toutes ces localités avec soin, nous n'y avons rencontré aucun Échinide. Le gisement, d'ailleurs, diffère peu de ceux que nous avons déjà vus et nous pouvons être sobres de détails.

Sur les calcaires crétacés que l'on voit notamment près des anciennes ruines de Sigus, s'étendent des argiles marneuses noires et rougeâtres, très gypsifères, renfermant par places de nombreux *Ostrea multicostata*. Sur ces argiles sont superposés des calcaires marneux assez épais, dans lesquels nous avons rencontré quelques fossiles en mauvais état et notamment un très grand nautile à cloisons sinueuses que malheureusement nous n'avons pu emporter.

Un autre gisement, au nord-ouest de Batna, mérite encore une mention, avant que nous abordions les montagnes de l'Aurès. Il est situé entre Batna et Sétif, auprès de la petite localité appelée Aïn-Tiferouin, sur le versant nord des grandes montagnes du Djebel Touggourt. La partie intéressante de l'affleurement se compose d'argiles brunes remplies de petits fossiles ferrugineux, parmi lesquels dominent les Gastéropodes, les Acéphales et les Ptéropodes. Toutes les espèces sont nouvelles ou inconnues pour nous. Une seule, très abondante d'ailleurs, nous paraît bien connue. C'est le *Megasiphonia zigzag*, très répandu dans l'éocène moyen du nord de l'Europe et en particulier dans l'argile de Londres.

Il est à remarquer que le gisement qui nous occupe a une analogie complète avec les marnes à fossiles ferrugineux que nous avons signalées au-dessous de Boghar et que M. Thomas considère comme devant être rapportées à l'étage miocène. Nous devons donc, dans ces conditions, ne classer qu'avec réserve nos argiles d'Aïn Tiferouin dans l'éocène, car l'étude de la place stratigraphique de ces argiles ne nous a pas éclairé suffisamment sur leur âge réel. D'Orbigny a distingué deux espèces de *Megasiphonia* : l'une le *Megasiphonia (Aturia) zigzag*, qui caractérise l'éocène moyen, et l'autre le *M. aturi*, qui se trouve dans le falunien. Je n'ai pu reconnaître aucune différence entre mes Céphalopodes d'Aïn-Tiferouïn et même de Boghar et l'*Aturia zigzag* de l'argile de Londres, et c'est pour cette raison que, à défaut de preuve plus concluante, j'ai placé leur gisement sur le même horizon.

Une des localités où l'on peut le plus facilement étudier le terrain tertiaire inférieur des hauts plateaux, est le Djebel Dir, montagne située au nord-est et non loin de Tebessa. Les couches y sont sensiblement horizontales et les calcaires supérieurs y forment un plateau dont l'accès n'est pas facile, mais, en dessous de cette barre, les argiles inférieures forment des pentes plus douces, où l'on peut recueillir les fossiles caractéristiques de l'étage. Nous retrouvons ici, comme dans la plupart des gisements déjà étudiés dans les régions centrales, des bancs de calcaires marneux remplis de silex noirs, avec de nombreux *Ostrea multicostata*. Le calcaire supérieur est pétri de nummulites. Il n'a pas été signalé d'Oursins dans cette localité, mais Coquand y a rencontré plusieurs espèces de mollusques propres à l'étage suessonien. Tout l'ensemble repose ici sur les calcaires du crétacé supérieur, et en stratification sensiblement concordante.

D'autres montagnes des environs de Tebessa, comme le Kodiat-Tasbent et celle qui supporte la petite ville de Calaa-es-Senam, en Tunisie, reproduisent la coupe du Djebel Dir. Nous passerons donc rapidement sur ces gisements, qui ne nous apprendraient rien de nouveau, pour arriver aux affleurements importants d'Aïn--el-Trab et de Zouï, dans le Djebel Mahmel, au sud-est de Krenchela.

Ces localités, étudiées avec soin par Coquand et explorées tout récemment encore par M. le Mesle, nous ont fourni d'intéressants échinides que nous décrivons dans ce fascicule. Il convient donc d'entrer à leur sujet dans quelques détails.

Le petit campement d'Aïn-el-Trab est situé au fond d'une vallée assez étroite, au pied du Djebel Mahmel, sur le chemin de Krenchela à Sidi-Abid. A l'est de la source, la vallée est dominée par une série d'escarpements que surmonte une ruine romaine. La source elle-même se trouve au point de contact des calcaires crétacés et des marnes du terrain tertiaire.

La coupe ci-dessous représente la disposition des couches dans cette montagne.

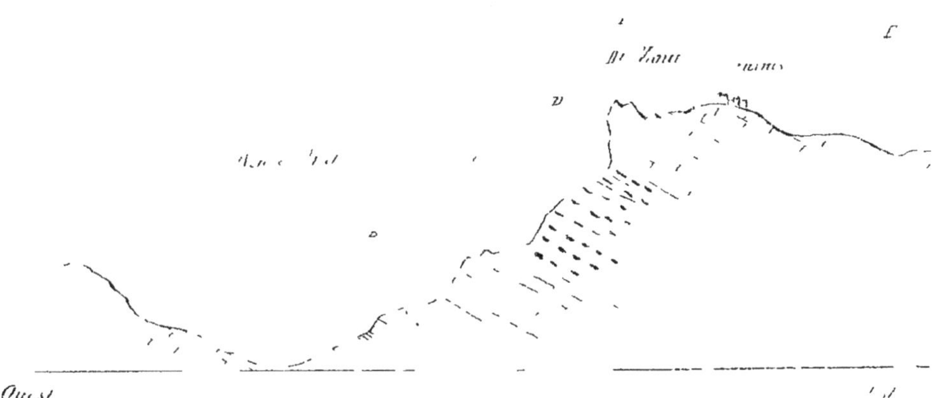

A. — Calcaires du terrain crétacé supérieur avec inocérames.

B. — Marnes grises et jaunes avec quelques bancs de calcaires et de grès, d'une puissance totale de 35 mètres environ. On y trouve l'*Ostrea multicostata*.

C. — Bancs de calcaire d'une épaisseur de 10^m, formant une première corniche sur le versant de la montagne. On y trouve encore l'*Ostrea multicostata* et de nombreuses turritelles passées à l'état siliceux. Coquand y a reconnu *Turritella rotifera*, Desh. et *T. secans*.

D. — Calcaires marneux blanchâtres, remplis de silex noirs en rognons diversiformes. Ces calcaires très épais (60^m d'après Coquand), sont riches en fossiles. L'*Ostrea multicostata* y est encore abondant, avec des *Venus*, *Cardium*, etc.

E. — Assise massive de calcaire jaunâtre formant le pic de Zouï et dessinant un abrupt d'une dizaine de mètres sur le versant de la vallée. Ce calcaire pénétré de silice est très dur. Les fossiles y sont abondants mais très difficiles à obtenir en bon état. Ils sont à l'état siliceux et restent en saillie sur la paroi de la falaise. C'est à l'aide du ciseau seulement et avec de grands efforts qu'on peut les extraire. Les fossiles dominants sont les Gastéropodes et les Échinides. Coquand y avait mentionné le

Periaster obesus, le *Macropneustes Baylei*, espèce nouvelle, le *Sismondia Desori*, de nombreuses turritelles, etc.

Les recherches de M. le Mesle nous ont permis d'avoir une connaissance plus complète de la faune échinitique de cette localité. Tout d'abord M. Gauthier a reconnu que le *Periaster obesus* de Coquand ne pouvait être identifié à l'espèce de ce nom qu'on trouve dans les Pyrénées. C'est d'ailleurs un *Schizaster* bien caractérisé, et il y a lieu d'en faire une espèce nouvelle. Les espèces connues actuellement sont les suivantes :

> *Macropneustes Baylei*, rare.
> —　　　　*Arnaudi*, r.
> *Schizaster concinnus*, r.
> —　　*Meslei*, commun.
> *Pseudopygaulus Trigeri*, a. c.
> —　　　　*buccalis*, r.
> *Sismondia Desori*, commun.

F. — Les calcaires à Échinides E sont encore surmontés par une succession de calcaires durs, jaunes, qui forment le plateau et se débitent en plaques minces. Les géologues qui les ont examinés n'y ont pas trouvé de fossiles.

Il est à remarquer que cette faune de la montagne de Zouï n'a aucune espèce commune avec celle du Kef-Iroud, que nous avons étudiée précédemment. Il semble donc très probable que ces deux assises représentent des horizons différents de la période éocène. Nous avons au contraire une espèce commune, le *Schizaster Meslei*, avec les gisements des environs de Boghar, à la base desquels nous avons également constaté la présence de marnes avec nombreux *Ostrea multicostata*. Il doit donc exister un certain parallélisme entre les deux localités.

Les détails que nous venons de donner sur la constitution de l'étage éocène dans le Djebel Mahmel sont suffisants pour faire connaître celle de tous les autres gisements de l'Aurès qui reproduisent d'ailleurs exactement la même succession de couches. Nous mentionnerons donc seulement la localité d'Aïn-Ougrab, où l'on retrouve plusieurs des Échinides signalés à Zouï, puis la vallée de Djedida, en face de Sidi-Abid, le Foum-Guentess, où

Coquand a recueilli des fossiles d'une conservation qui rappelle celle des coquilles des faluns, et enfin les environs de Taberdga et de Djelaïl, au bord du Sahara, où la même faune et en particulier les Échinides persistent comme à Zoui.

En arrivant sur la lisière du Sahara, notamment aux environs de l'oasis de Kranga-Sidi-Nadji, on observe au-dessus des couches éocènes que nous venons d'étudier dans les montagnes de l'Aurès, une masse puissante de marnes multicolores, bariolées, avec gypse, que Coquand considère comme représentant l'étage du calcaire grossier parisien (1) et que Tissot classe dans l'étage nummulitique. Ces marnes multicolores, à bancs de gypse, nous paraissent correspondre parfaitement à celles que nous avons observées dans le sud de Sétif et surtout au nord de Msilah, et que nous avons également attribuées à la partie supérieure de l'éocène, mais sans esprit d'assimilation avec telle ou telle assise de l'étage parisien.

Nous avons enfin à rappeler que Tissot (2) attribue encore à l'étage suessonien de puissants dépôts de poudingues qui existent sur plusieurs points de la lisière du Sahara et particulièrement dans la vallée d'El-Kantara et sur tout le versant sud du Djebel Bou-Khaïl. Nous n'avons pas d'opinion arrêtée au sujet de cette classification, les moyens de la contrôler faisant généralement défaut. Nous devons toutefois rappeler que Coquand, qui a observé une formation très semblable au seuil du Sahara, près l'oasis de Kranga-Sidi-Nadji, l'a classée dans le tertiaire supérieur, et d'autre part M. Pomel, qui a également observé ces poudingues et dépôts clysmiens dans les environs de Laghouat et sur le bord du Sahara, près de Bérézina, les considère (3) comme contemporains de son étage cartennien, c'est-à-dire du miocène inférieur.

Étage éocène dans la province d'Oran, le Maroc, la Tunisie et l'Afrique orientale.—Les terrains éocènes, comme nous l'avons vu, ont leur plus grand développement dans la province de Constantine et dans l'est de celle d'Alger. Quand de là on se dirige sur

(1) *Loc. cit.*, p. 132.
(2) Texte explicatif, p. 79.
(3) Texte explicatif de la carte géologique, p. 36.

l'ouest, on voit les affleurements devenir de plus en plus rares et
réduits. Dans la province d'Oran il n'en existe plus que des lam-
beaux insignifiants que M. Pomel (1) considère comme les restes
d'une formation démantelée, peu puissante. Il en signale à Aïn-
Farès, dans la région de Sidi-Bel-Abbès, sur la berge gauche de
l'Oued-el-Hammam, au Dir-el-Sloughi et à Sidi-Mohammed-ben-
Aouda. Dans ces localités le terrain se compose de poudingues
à la base, et, au-dessus, de calcaires souvent friables et pétris de
Nummulites lœvigata.

Ces témoins, quelque clairsemés qu'ils soient, suffisent cependant pour montrer que la formation éocène a dû occuper au
moins une bande le long du Tell oranais.

Cette supposition est d'autant plus vraisemblable que, au-delà
des limites de notre colonie, dans le Maroc, le terrain éocène
recommence à prendre, d'après les renseignements que nous
possédons, un développement assez considérable.

De la province de Constantine, le terrain tertiaire inférieur
s'étend dans la Tunisie où il occupe de larges espaces et où il
forme une grande partie des montagnes des Kroumirs et des
environs de Tunis.

Il est à croire d'ailleurs que l'extension géographique de plus
en plus considérable que nous avons constatée de l'ouest à l'est,
va encore en s'accentuant au-delà des limites orientales de nos
possessions. Il a, en effet, été reconnu par plusieurs explorateurs
que le terrain tertiaire à facies nummulitique occupe dans
l'Afrique orientale d'énormes espaces. On le connaît jusqu'en
Égypte, où il a fourni les matériaux de construction des pyra-
mides, en Nubie, en Palestine, etc. Tout récemment encore, M. le
professeur Zittel (2) a fait connaître que dans le désert de Libye,
le terrain éocène occupait une surface de plus de 500 kilomètres
de longueur sur autant de largeur, et, c'est en raison de cette
extension considérable et des caractères spéciaux que présente
la formation dans cette région, que le savant bavarois a adopté
le nom d'étage libyen pour la partie inférieure de notre étage
éocène.

(1) *Loc. cit.*, p. 32.
(2) *Ueber den geologischen Bau der libyschen Wüste.*

DESCRIPTION DES ESPECES.

Les Échinides des couches nummulitiques de l'Algérie n'ont été décrits ou cités, avant notre ouvrage, que par deux auteurs : Coquand, en 1862 ; Nicaise, en 1870.

Coquand, qui ne parle que de la province de Constantine (1), qu'il avait parcourue lui-même en partie, cite ou décrit cinq espèces :

1° *Periaster obesus*, Desor (p. 310) ; simple citation qui réunit une espèce algérienne à l'espèce des Pyrénées. Cet Échinide est devenu notre *Schizaster Meslei*, et il faut bien avouer que la ressemblance entre les deux types que réunissait Coquand est bien loin d'être frappante. Coquand indique également son *Periaster obesus* en Égypte : c'est peut-être une confusion avec le *Schizaster africanus* de Loriol, qu'on rencontre au Mokattan, près du Caire, et qui est assez voisin du *Schizaster Meslei*.

2° *Macropneustes Baylei* (p. 274), que nous décrivons plus bas.

3° *Macropneustes Arnaudi* (p. 273), que nous ne connaissons que par la courte description que l'auteur en donne.

4° *Catopygus Trigeri* (p. 274), qui change de nom générique dans les planches du même ouvrage, et devient *Pseudopygaulus Trigeri*. Nous en donnons la diagnose que l'auteur a omise.

5° *Sismondia Desori* (p. 273), dont nous possédons aussi des exemplaires.

Nicaise ne s'occupe que de la province d'Alger (2). Il cite quatre espèces, sans descriptions ni figures :

1° *Hemiaster obesus*, qui correspond au *Periaster obesus* cité par Coquand. Est-ce la même espèce ? Nous l'ignorons, Il aurait été recueilli sur la rive gauche du Chélif, avant d'arriver à Aïn-Seba, route de Boghar à Laghouat. L'auteur se reporte aux localités citées par Coquand, ce qui semblerait indiquer que ses exemplaires appartiennent au même type.

(1) Coquand. *Mém. de la Soc. d'Emul de la Provence*, t. II, 1862.
(2) Nicaise. *Catalogue des animaux fossiles de la province d'Alger*, p. 83, 1870.

2° *Schizaster rimosus* dont nous ne possédons aucun exemplaire de provenance algérienne. Nous avons, dans nos matériaux, un *Schizaster vicinalis* complètement conforme à ceux qu'on rencontre à Biarritz ; mais nous ne pensons pas que ce soit cette espèce que Nicaise a rapportée au *Sch. rimosus*. Malgré l'affinité de ces deux Échinides, la largeur du sillon ambulacraire antérieur du *Sch. vicinalis* ne lui eût pas permis de confondre ces deux types.

3° *Spatangus Hofmanni* Goldfuss. Tout nous porte à croire que cet Échinide, qui n'appartient pas à l'horizon du Kef Iroud, n'y est cité que par confusion. C'est peut-être celui que nous décrivons sous le nom de *Sarsella mauritanica*. La disposition assez semblable des gros tubercules a pu induire Nicaise en erreur.

4° *Echinolampas Escheri* Agassiz. Ici encore nous sommes réduits aux conjectures. Nous n'avons pas rencontré le véritable type de cette espèce en Algérie, et nous donnons le nom d'*Echinol. Nicaisei* à celui de nos exemplaires qui se rapproche le plus de l'*Ech. Escheri*.

AVIS.

Le travail de ce fascicule était terminé depuis plusieurs mois, les planches étaient dessinées et le texte sous presse, quand nous avons eu connaissance d'un mémoire que vient de publier M. Pomel sur les Échinides éocènes du Kef Iroud (1). Nous n'avons pas hésité à reconnaître à l'auteur le droit de priorité, bien que son livre n'ait paru que quelques jours avant le nôtre, et nous avons retiré notre manuscrit d'entre les mains de l'imprimeur pour modifier les noms spécifiques et adopter ceux par lesquels il avait désigné quelques-unes de nos espèces. M. Pomel en décrit huit, dont six nous étaient connues. La septième est le

(1) Nous écrivons Iroud, conformément à l'orthographe de la plupart des auteurs et des cartes géographiques. MM. Pomel et Pouyanne écrivent aujourd'hui Ighoud, comme Laghouat, Boghar, etc. L'une et l'autre orthographe reproduisent, d'ailleurs, imparfaitement une aspiration de la phonétique arabe, que notre alphabet ne saurait figurer.

Schizaster Mac Carthyi, qui est probablement celui que Nicaise avait confondu avec le *Sch. rimosus* : nous n'en avions pas d'exemplaire entre les mains. Un petit clypéastre, que nous citerons plus loin, et qui nous était complétement inconnu, termine la liste de M. Pomel. Ce que nous perdons comme droit de priorité sera suffisamment compensé à nos yeux par l'addition de ces deux types, qui rendront notre travail plus complet, en portant à dix-neuf le nombre des espèces recueillies dans cette remarquable localité, au lieu de dix-sept seulement que comptait notre première liste.

ECHINOCARDIUM NUMMULITICUM, Peron et Gauthier, 1885.

Pl. I, fig. 1-3.

Longueur, 25 mill. — Largeur, 23 mill. — Hauteur, 16 mill.

Espèce assez allongée, à pourtour presque ovalaire, rostrée à la partie postérieure, échancrée en avant par le sillon ambulacraire. Face supérieure s'élevant à pic au-dessus de la base, ayant sa plus grande hauteur en arrière du sommet, descendant verticalement à la partie antérieure. Interambulacre impair postérieur saillant, mais non caréné. Face inférieure plate, terminée en arrière par une protubérance aiguë. Le sommet est légèrement excentrique en avant.

Appareil apical compacte, peu distinct sur notre exemplaire. L'usure du test ne nous permet pas de voir le fasciole interne ; mais il est assez facile de rétablir théoriquement la direction qu'il prenait, par suite de l'altération des pores ambulacraires. Il était allongé, assez étroit, passant à une médiocre distance en arrière de l'appareil.

Ambulacre impair logé dans un sillon étroit, peu marqué dans la partie avoisinant le sommet, jusqu'à l'endroit où le test s'abaisse perpendiculairement ; de plus en plus creusé à partir de là, et échancrant sensiblement l'ambitus. Les pores sont petits et disposés par paires peu distinctes et médiocrement rapprochées, jusqu'à la limite antérieure du fasciole. Au-delà, les plaques ambulacraires sont très allongées et, par conséquent, peu nombreuses, et les paires de pores très distantes. Le sillon ambulacraire se prolonge jusqu'au péristome.

Ambulacres pairs logés dans des sillons peu profonds, étroits, terminés en pointe, les postérieurs aussi longs que les antérieurs. Ceux-ci descendent presque jusqu'au bord, et comptent treize paires de pores non atrophiées dans la zone postérieure, neuf dans l'autre. Les autres paires, enfermées dans le fasciole, sont visibles, mais les pores sont extrêmement petits. Pores égaux, largement ouverts, acuminés ; les paires sont placées au tiers inférieur des plaquettes, dont la suture paraît avoir été bien marquée. Zones interporifères étroites, se rétrécissant à mesure qu'elles s'éloignent du sommet ; elles portent de très petits granules.

Les ambulacres postérieurs présentent les mêmes détails que les antérieurs. Les paires de pores les plus rapprochées du sommet sont fortement réduites à partir de l'endroit où le fasciole interne les atteint.

Péristome éloigné du bord, grand, arrondi en croissant, et recouvert en arrière par une lèvre assez saillante. Il est entouré de pores qui terminent les allées ambulacraires.

Périprocte situé assez haut sur la face postérieure, largement ouvert et vertical. Une raie lisse, qui l'entoure sur notre exemplaire un peu usé, marque sans doute le fasciole qui circonscrit ordinairement cet organe ; l'écusson sous-anal est empâté, et il ne nous est pas possible d'en donner les détails.

Les tubercules si fins et si caractéristiques qui couvrent les *Echinocardium* vivants ne sont pas faciles à distinguer sur le sujet que nous décrivons, on les reconnaît néanmoins par place. D'autres, plus gros, paraissent avoir existé près du bord antérieur et à la face inférieure.

Rapports et différences. — Bien que plusieurs caractères soient mal conservés dans l'exemplaire que nous avons entre les mains, il ne nous semble pas douteux qu'il appartienne au genre *Echinocardium*. La forme triangulaire des ambulacres, l'oblitération des pores voisins du sommet, la physionomie générale suffisent pour ne nous laisser aucune hésitation. L'*Echin. nummuliticum* se distingue des espèces fossiles décrites jusqu'à ce jour par sa forme étroite relativement, par la longueur de ses ambulacres pairs et leurs dimensions égales, par la position antérieure de son appareil apical. Ce dernier caractère se retrouve aussi dans une espèce vivante, l'*Echin. mediterraneum* qui est le type dont notre exemplaire se rapproche le plus. Inconnu dans les terrains crétacés, le genre *Echinocardium* apparaît pour la première fois dans le terrain éocène, où il est assez rare. Nous croyons cependant en avoir reconnu deux espèces dans les couches nummulitiques de l'Algérie. Les exemplaires sont fort rares, ce qui s'explique facilement par la fragilité du test de ces Échinides.

Localité. — Kef-Iroud, département d'Alger. — Étage éocène. Un seul exemplaire, recueilli par M. le Mesle.

Collection Gauthier.

Explication des figures. — Pl. I, fig. 1, *Echinocardium nummuliticum*, vu de profil ; fig. 2, le même, face supérieure ; fig. 3, face inférieure.

Remarque. — Nous n'hésitons pas à conserver le terme générique d'*Echinocardium*. M. de Loriol ayant clairement démontré que dans le groupe que Breynius a désigné sous le nom d'*Echinospatagus* se trouvent un *Echinocardium*, un *Holaster* et un *Micraster*, M. Pomel a cru devoir remplacer dernièrement le nom d'*Echinocardium* par celui d'*Echinospatagus*. C'est créer une confusion des plus regrettables dans la synonymie. D'Orbigny, qui avait cru reconnaître dans les figures données par Breynius le *Toxaster complanatus* d'Agassiz, a appliqué le nom d'*Echinospatagus* aux *Toxaster*, et la plupart des échinologistes ont accepté cette nomenclature. Qu'on rende aujourd'hui aux *Toxaster* leur vrai nom, nous n'y voyons guère d'inconvénients ; mais qu'on supprime le nom d'*Echinocardium* pour appliquer aux espèces de ce genre le nom d'*Echinospatagus*, c'est créer, bien inutilement, de grands embarras. D'ailleurs, cette attribution des noms génériques des anciens auteurs à quelques-uns de nos genres actuels, nous paraît être plus souvent une erreur scientifique qu'une restitution légitime. Il est bien certain que Breynius, ou Klein, n'entendait pas, par le mot *genus*, exactement ce que nous entendons aujourd'hui par le mot *genre*. C'était pour eux un terme beaucoup plus large, auquel ils ne cherchaient même pas à donner une grande précision, puisque Breynius, selon la juste remarque de M. de Loriol, désignait à la fois par le même nom générique et spécifique trois Échinides aussi différents qu'un *Echinocardium*, un *Holaster* et un *Micraster*. C'est par une fausse interprétation analogue que M. Bayle a voulu rendre aux *Micraster* le nom de *Spatangus*, parce que, dans Klein, la première espèce citée dans le genre *Spatangus* est le *cor anguinum*. Klein, assurément, ne songeait pas à substituer comme type générique l'espèce fossile à l'espèce vivante des mers actuelles. Nous sommes donc d'avis, avec M. de Loriol, qu'il faut laisser de côté ces noms anciens, quand leur emploi doit avoir des inconvénients. C'est ainsi que nous rendrons volontiers le nom de *Toxaster* à l'espèce qu Agassiz a nommée *Toxaster complanatus* ; mais nous consentirons difficilement à embrouiller toute la synonymie pour rendre aux *Echinocardium* le nom d'*Echinospatagus*, qui ne leur appartient pas plus qu'aux *Holaster*, aux *Micraster* et, dans la pensée de Breynius, à toute la famille des Spatangoïdes.

ECHINOCARDIUM DUBIUM, Peron et Gauthier, 1885.

Pl. II, fig. 9-11.

Longueur, 26 mill. — Largeur, 25 mill. — Hauteur, 15 mill.

Espèce de taille moyenne, arrondie dans son ensemble, peu élevée, rétrécie et tronquée en arrière, avec face postérieure rentrante ; bord assez mince à la partie antérieure. Face inférieure un peu creusée autour du péristome et munie, à l'extrémité du plastron, d'une protubérance saillante, au-dessus de laquelle commence l'aire anale.

Ambulacre antérieur peu visible dans notre exemplaire sauf près du bord. Le sillon qui le contient devait être peu creusé, car il n'échancre que médiocrement l'ambitus.

Ambulacres pairs longs, lancéolés, terminés en pointe mal fermée, légèrement déprimés. Les zones porifères sont larges et les pores bien ouverts ; l'espace interzonaire est moins large qu'une des zones.

Péristome assez éloigné du bord, moins cependant que dans la plupart des espèces du genre. Il est transverse, et présente, en arrière, une lèvre aiguë et proéminente.

La face inférieure mérite une description particulière. Les avenues ambulacraires postérieures sont formées par des plaques en bosse, très distinctes, allongées, irrégulières et portant de petits tubercules différents des autres et enfermés dans des scrobicules très réduits. Sur le reste de la face inférieure les tubercules sont uniformes, plus développés, surtout près du péristome, mais non scrobiculés. Ceux qui couvrent le plastron offrent le même aspect, mais ils sont à peu près droits, tandis que ceux des côtés sont couchés obliquement. Au-dessus de la protubérance qui termine le plastron, s'élève, à la face postérieure l'écusson sous-anal ; il était sans doute entouré d'un fasciole, effacé sur notre exemplaire, mais dont l'existence est attestée par les pores qui l'accompagnent ordinairement. Le périprocte est grand et transverse, si nous ne sommes pas trompés par l'écrasement du test en cet endroit.

Notre unique exemplaire, fort imparfait, ne nous permet pas de donner d'autres détails. L'ensemble du test doit être un peu écrasé, ce qui ne nous permet pas d'affirmer nettement la hauteur ; la partie supérieure est corrodée au milieu, ce qui nous cache les détails de l'appareil et le fasciole interne. Néanmoins, nous ne croyons pas être dans l'erreur en attribuant cet individu au genre *Echinocardium*, tous les caractères visibles se rapportant bien à ce genre. Au point de vue spécifique, il diffère complètement de l'*Echin. nummuliticum* que nous venons de décrire, par sa forme plus large, plus arrondie, moins élevée, par son sillon impair moins creusé, par son péristome moins éloigné du bord antérieur. il semblerait plutôt avoir quelque analogie avec l'*Echin. Peroni* Cotteau, du miocène de la Corse. Il s'en distingue néanmoins facilement par la position de son péristome, par son périprocte transverse, par sa face postérieure inclinée en sens contraire.

Localité. — Kef Iroud. Étage éocène. Très rare.

Collection Gauthier.

Explication des figures. — Pl. II, fig. 9, *Echinocardium*

dubium vu de profil ; fig. 10, le même, face supérieure , fig. 11,
face inférieure agrandie.

SARSELLA MAURITANICA, Pomel, 1883.

Pl. I, fig. 4-8.

SARSELLA MAURITANICA, Pomel, *Matériaux pour la carte de l'Algérie*,
1re série, p. 16, pl I, fig. 6-7, pl. II, fig. 5-6.

Longueur, 31 mill. — Largeur, 30 mill.   Hauteur, 11 mill.

—	33	—	—	33		12	—
—	40	—	—	38	—	—	16	—
—	55	—	—	49		19	

Espèce de taille moyenne, parfois assez développée, déprimée,
à pourtour presque ovale, ou légèrement pentagonal. Face supérieure toujours peu élevée, déclive à droite et à gauche ; la plus
grande épaisseur est en arrière du sommet. Dessous creusé
autour du péristome. Partie postérieure tronquée, rentrante en
dessous. Partie antérieure sensiblement échancrée par le sillon
ambulacraire. Sommet excentrique en avant

Appareil apical peu développé. composé de quatre plaques
génitales à pores rapprochés, disposés en trapèze, et de cinq
plaques ocellaires qui s'intercalent dans les angles des premières.
Le corps madréporiforme est rejeté en arrière et dépasse un peu
le reste de l'appareil.

Ambulacre impair différent des autres, logé dans un sillon
évasé, à peine sensible à la face supérieure, plus marqué à l'ambitus, où il occasionne une assez forte sinuosité dans le bord du
test. Les pores sont ronds et petits, formant des paires exiguës,
portées par des plaques relativement grandes, dont ils occupent
le milieu. Le sillon est sensible à la face inférieure jusqu'au
péristome.

Ambulacres pairs antérieurs très divergents, lancéolés. Zones
porifères composées de pores égaux, un peu allongés, largement
ouverts. Dans la branche antérieure, un assez grand nombre de
paires de pores, les plus rapprochées de l'appareil, sont oblitérées et à peine visibles. Il ne reste qu'une dizaine de paires
en état normal, et ce nombre ne varie guère, quelle que soit la
taille des individus. Les branches postérieures restent régulières

plus longtemps, sans cependant atteindre le sommet ; elles comptent environ quinze paires normales.

Ambulacres postérieurs convergents, plus longs que les antérieurs, formés de paires de pores semblables, avec l'espace interzonaire un peu plus élargi. Les zones porifères montrent aussi quelques paires, peu nombreuses, oblitérées en se rapprochant du sommet. A l'endroit où cesse la série normale, les deux zones postérieures sont presque en contact, et ne laissent entre les deux ambulacres qu'un angle très aigu.

Péristome semilunaire, s'ouvrant assez loin du bord ; il est entouré de pores à l'extrémité des avenues ambulacraires.

Périprocte très grand, vertical, occupant presque toute la face postérieure.

A la partie supérieure du test, de gros tubercules sont groupés par endroits sur les aires interambulacraires paires. Ils sont crénelés et perforés, et émergent de profonds scrobicules. I s sont placés assez près du bord, distribués en rangées plus ou moins régulières, dont le nombre, ainsi que celui des tubercules, varie selon la taille de l'individu. Les exemplaires moyens comptent quatre ou cinq tubercules dans chaque aire ; les plus grands en portent neuf ; les plus petits trois A la partie inférieure, les gros tubercules sont rangés principalement sur les côtés ; ils sont très fortement couchés, et les scrobicules restent profonds.

Les fascioles ne sont visibles sur aucun de nos exemplaires, et, malgré l'oblitération des pores près du sommet, nous ne sommes pas absolument certains qu'il y ait eu un fasciole interne. Aussi avons nous longtemps hésité au sujet de l'attribution générique de cette espèce au genre *Sarsella* ou au genre *Maretia*. Elle a des *Sarsella* la forme et l'aspect ; mais la présence du fasciole interne, essentiel à ce genre, n'est pas mathématiquement prouvée. Nous ferons même observer que ce fasciole, s'il existe, ne peut avoir la forme rectangulaire qu'il présente dans les autres espèces du genre ; les pores de la branche postérieure des ambulacres pairs antérieurs se rapprochent assez du sommet, avant d'être oblitérés, pour forcer le fasciole à se rétrécir en cet endroit et à prendre une forme de violon. Les *Maretia* ont la même physionomie et présentent également des pores atrophiés près du sommet ; leurs gros tubercules sont peut-être un peu plus nombreux à la face supérieure, mais cela ne peut être qu'une distinction spécifique. Toute la difficulté se résume, en somme, en l'absence ou la présence d'un fasciole interne ; et M. Pomel, tout en rappelant, en tête de sa description, que son genre *Sarsella* est muni de ce fasciole, n'affirme pas nettement l'avoir distingué sur ses exemplaires, et il n'en donne aucun détail. Comme il nous est également impossible de rien affirmer de précis à ce sujet, nous adoptons l'attribution générique qu'il a préférée, et rangeons, d'après lui, ces échinides dans le genre *Sarsella*.

Le fasciole sous-anal n'est pas plus visible sur nos exemplaires, tous plus ou moins usés ; mais son existence est attestée par la présence de quelques pores qui l'accompagnent ordinairement de chaque côté. L'espace qu'il entourait, au-dessous du péri-procte, est plus large que long, et il est couvert de tubercules peu développés relativement, mais assez serrés. Ces tubercules se continuent au-delà du fasciole, sur le haut du plastron ; mais à partir du milieu, jusqu'à la lèvre du péristome, le test paraît avoir toujours été nu et comme usé.

Rapports et différences. — Le *Sarsella mauritanica*, par sa forme allongée, peu élevée, par la grosseur et le petit nombre de ses tubercules principaux à la face supérieure, nous paraît se distinguer de toutes les espèces connues. Il rappelle d'assez loin l'*Hemipatagus Hoffmanni*, Goldfuss ; mais ces deux types, qui d'ailleurs appartiennent à un horizon géologique tout différent. sont très faciles à distinguer. L'espèce africaine est moins ren-flée ; les gros tubercules sont moins nombreux et montent moins haut ; les ambulacres sont plus divergents en avant et plus acu-minés en arrière. Nicaise, comme nous l'avons dit, a cité le *Spatangus Hoffmanni* au Kef Iroud, d'où proviennent également nos exemplaires, et c'est probablement l'espèce que nous décri-vons qu'il avait rencontrée. La mauvaise conservation de ces échinides l'avait sans doute induit en erreur.

Localité. — Kef Iroud, département d'Alger. — Les exem-plaires que nous connaissons ont été recueillis par M. le Mesle et par M. le D\u02B3 Hagenmüller. — Étage éocène. Assez com-mun.

Collections Gauthier, le Mesle, la Sorbonne, École supérieure d'Alger.

EXPLICATION DES FIGURES. — Pl. I, fig. 4, *Sarsella mauritanica* de grande taille, de la collection de la Sorbonne, vu de profil; fig. 5, le même exemplaire, face supérieure ; fig. 6, le même, face inférieure ; fig. 7, exemplaire de taille moyenne, de la collection Gauthier, face supérieure ; fig. 8, le même, partie postérieure.

EUSPATANGUS CRUCIATUS (Pomel, sp.), Peron et Gauthier, 1885.

Pl. II, fig. 4.-6.

SPATANGUS (PSEUDOPATAGUS) CRUCIATUS, Pomel, *loc. cit.*, p. 18, pl. I, fig. 3-6, pl. II, fig. 4.

Longueur, 32 mill.	Largeur. 29 mill. — Hauteur, 13 mill.
— 41	— 39 — — 19 —
— 44	41 — — 20 —

Espèce déprimée, à circuit ovalaire, arrondie et à peine sinueuse en avant, rétrécie en arrière, ayant sa plus grande épaisseur à la partie postérieure. Dessus convexe, en pente à peu près uniforme dans toutes les parties. Dessous plat, sauf une petite dépression autour du péristome, et un léger renflement du plastron. Sommet apical excentrique en avant.

Appareil apical compacte et peu étendu ; les pores génitaux sont rapprochés en forme de trapèze, les plaques ocellaires s'intercalent dans les angles des plaques génitales. Le corps madréporiforme écarte les postérieures, et se prolonge un peu en arrière.

Ambulacre impair presque complètement superficiel ; c'est à peine si, près du bord, on distingue une légère dépression. Zones porifères étroites, ne portant qu'un petit nombre de paires de pores ; elles sont plus rapprochées cependant près du sommet, où les plaques sont très réduites. A mesure qu'elles se rapprochent du bord, les plaques sont plus grandes, pentagonales, et portent une paire de pores, toujours exigué, un peu au-dessous du milieu. Le sillon ambulacraire n'est pas plus sensible à la partie inférieure.

Ambulacres pairs antérieurs lancéolés, larges, très divergents et presque en ligne droite. Zones porifères légèrement déprimées, composées de paires assez distantes, au nombre d'environ dix-neuf. Pores largement ouverts, acuminés à la partie interne. Les plus rapprochés du sommet, dans la branche antérieure, sont moins développés que les autres et comme atrophiés. Espace interzonaire à fleur de test. plus large que l'une des zones porifères.

Ambulacres postérieurs convergents, très rapprochés, semblables, pour la forme et la disposition des pores, aux ambulacres pairs antérieurs. Ils sont un peu plus longs, car ils comptent vingt-et-une paires, dont aucune n'est oblitérée.

Péristome assez éloigné du bord antérieur, semilunaire, situé dans une dépression toujours faible, presque nulle pour certains exemplaires. Il est entouré par les pores que montrent les extrémités des avenues ambulacraires.

Périprocte grand, ovale, vertical, occupant à peu près toute la face postérieure, qui est formée par une troncature du test très restreinte.

A la face supérieure, de gros tubercules crénelés, scrobiculés, sont disséminés sur les aires interambulacraires paires ; l'impaire en est dépourvue. Ils forment plusieurs rangées, montent presque jusqu'au sommet ; mais ils sont limités vers la moitié de la surface par le fasciole péripétale qui les arrête. Ce fasciole est assez éloigné du bord, surtout à la partie postérieure. Bien qu'il soit impossible de le voir sur la plupart de nos exemplaires, malheureusement frustes, nous avons pu constater sa présence certaine sur quelques-uns. Il en est de même du fasciole sous-anal, peu visible sur le plus grand nombre des individus. Le reste du test est couvert de tubercules plus petits, qui ne paraissent guère augmenter de volume à la face inférieure, où ils occupent les bords et le plastron. Seules les avenues ambulacraires présentent de larges lignes, en apparence nues.

Remarque. — M. Pomel a établi pour cette espèce un sous-genre nouveau, *Pseudopatagus*, dont il n'est pas fait mention dans son *Genera*, et qu'il fait rentrer dans les *Spatangus*, malgré l'absence de gros tubercules dans l'aire interambulacraire postérieure. Il remarque néanmoins que ce type a « tout du genre *Eupatagus*, sauf son caractère essentiel du fasciole péripétale. » La conservation imparfaite de ses exemplaires ne lui a pas permis de reconnaître la présence de ce fasciole, et nous mêmes l'avons plus d'une fois cherché en vain sur des sujets paraissant bien conservés. Parmi trente individus environ que nous avons pu étudier, il n'y en a que quatre où nous ayons pu sûrement constater la présence de quelques traces de fasciole péripétale. Tous les échinides de cette localité sont ainsi usés par le sable qui les enveloppe et les agents atmosphériques ; et même ceux dont le test paraît bien net ne doivent cette apparence qu'au poli de l'usure. Cet état de choses nous a souvent rendu peu commode l'étude des fossiles du Kef Iroud.

Rapports et différences. — Si l'on compare l'*Euspatangus cruciatus* à l'*Eusp. ornatus*, qui est l'espèce la plus répandue en Europe, la différence saute tout de suite aux yeux. Le dernier est plus allongé, moins dilaté ; les gros tubercules, à la face supérieure, sont plus développés et plus nombreux ; le sillon de l'ambulacre impair entame plus sensiblement le bord. L'espèce qui offre le plus de ressemblance avec celle que nous décrivons est le type que M. de Loriol a figuré sous le nom d'*Hemispatangus pendulus* Desor (1). La forme générale est presque la même ; l'écartement des ambulacres antérieurs, l'absence de sillon impair concordent parfaitement. Il existe néanmoins des différences faciles à établir. Le péristome est plus en avant dans l'espèce algérienne, le plastron est granuleux, le talou postérieur est moins épais, et le périprocte occupe presque toute la hauteur de la face postérieure. Les ambulacres pairs sont un peu plus larges et surtout plus égaux, car tandis que M. de Loriol indique pour l'*Hemisp. pendulus* dix-sept à dix-huit paires dans chaque zone des ambulacres antérieurs, et vingt-six dans les postérieurs, l'*Eusp. cruciatus*, a les ambulacres presque égaux, et compte dix-neuf paires dans les antérieurs et vingt-et-une dans les postérieurs. La différence spécifique est donc bien établie, quand même il n'y aurait pas de différence générique. L'*Euspatangus*

(1) De Loriol, *Echinides nummulitiques de l'Egypte*, pl. XI, fig. 7.

libycus de Loriol (1) est moins large, plus allongé relativement ;
il a le sillon antérieur plus marqué, le péristome moins excentrique, les pétales ambulacraires plus étroits.

Localité. — Kef Iroud, étage éocène. Nous avons sous les yeux
une trentaine d'exemplaires recueillis par M. le Mesle. D'autres
l'ont été par le docteur Hagenmüller. Tous, malheureusement,
sont assez frustes.

Collections le Mesle, Gauthier, Cotteau, Peron, la Sorbonne.

Explication des figures. — Pl. II, fig. 4, *Euspatangus cruciatus*,
de la collection Gauthier, vu de profil ; fig. 5, le même, face
supérieure ; fig. 6, le même, face inférieure. — Le fasciole péripétale n'étant pas visible sur l'exemplaire figuré, nous n'avons
pas voulu que le dessinateur le rétablît ; mais il existe sur
d'autres individus, comme nous l'avons dit plus haut.

Euspatangus subrostratus, Peron et Gauthier, 1885.

Pl. II, fig. 1-3.

Longueur, 32 mill. — Largeur, 27 mill. — Hauteur, 18 mill.

Nous ne connaissons que deux exemplaires de cette espèce, et
le test n'en est point parfaitement conservé. Néanmoins la forme
générale nous a paru si caractéristique, que nous n'avons pas
cru devoir négliger ce type, malgré l'insuffisance de nos matériaux. Nous ne pourrons pas, sans doute, préciser tous les détails,
mais la physionomie de cet *Euspatangus* le fera toujours reconnaître au milieu de ses congénères.

Espèce allongée, assez large, à peine sinueuse en avant, ayant
sa plus grande largeur vers le milieu du pourtour. A partir de
là, le test se rétrécit rapidement et régulièrement, pour finir
presque en pointe à la partie postérieure. Face supérieure fortement déclive en avant, plus élevée et munie d'une carène saillante en arrière du sommet, puis s'abaissant rapidement vers le
périprocte à partir de l'extrémité des ambulacres. Par suite, la
partie la plus épaisse, tout en étant en arrière du sommet, n'est

(1) *Eocaene Echinoideen aus Aegypten und der libyschen Wüste*, pl. XI,
fig. 4.

pas aussi rapprochée du bord postérieur que dans la plupart des espèces du genre. Face inférieure plate, sauf un renflement assez sensible du plastron. Sommet fortement excentrique en avant.

L'appareil apical n'est point visible sur l'un de nos exemplaires, et il est si mal conservé sur l'autre que nous ne pouvons le décrire. Il nous paraît néanmoins semblable à celui de toutes les autres espèces du même genre.

Ambulacre impair superficiel dans le voisinage du sommet. Aux approches du bord antérieur, il se produit une sinuosité largement évasée qui représente le sillon ambulacraire. Les paires de pores sont disposées comme dans toutes les espèces du genre, c'est-à-dire assez rapprochées près du sommet, ensuite de plus en plus distantes, et portées par des plaques pentagonales dont elles occupent presque le centre.

Ambulacres pairs antérieurs très divergents, presque en ligne droite, lancéolés, comptant de quinze à seize paires de pores ; dans la branche antérieure, les plus rapprochés du sommet sont oblitérés. Zones porifères étroites, légèrement déprimées. Les pores sont larges et acuminés à la partie interne. L'espace interzonaire est superficiel et plus large que l'une des zones.

Ambulacres postérieurs convergents, finissant en pointe, sensiblement plus longs que les antérieurs. Les paires de pores sont au nombre de dix-huit, Les pores présentent la même disposition, et l'espace interzonaire égale, en largeur, presque le double d'une des zones.

L'aire interambulacraire postérieure est fortement carénée, au point que les ambulacres qui sont, comme nous l'avons dit, très rapprochés l'un de l'autre, se trouvent en partie appliqués contre les côtés de la carène, au lieu d'être à plat sur le dos du test, comme dans tous les autres *Euspatangus*. Cette disposition donne à notre oursin un aspect tout particulier.

Péristome assez éloigné du bord, situé à peu près au tiers antérieur.

Périprocte peu distinct sur nos exemplaires, placé au-dessus du rostre postérieur.

Les gros tubercules des aires interambulacraires, à la face

supérieure, ne semblent pas avoir été très nombreux ; ils étaient assez développés, et, vu leur position sur le test, ils paraissent nettement avoir été limités par un fasciole péripétale, qu'on ne peut distinguer sur nos exemplaires. Les traces du fasciole sous-anal sont plus sensibles, et l'on discerne très bien les trois paires de pores qui, de chaque côté de l'écusson, accompagnent ce fasciole. A la face inférieure, la granulation est assez dense, sauf dans les avenues ambulacraires, qui sont fort larges. Le plastron est tout entier couvert de tubercules relativement assez développés.

Rapports et différences. — Nous ne connaissons pas d'espèce dans le genre *Euspatangus* qu'on puisse confondre avec celle que nous décrivons. La forme du test, rétréci et presque rostré en arrière, la carène saillante de l'interambulacre impair à la partie supérieure, ainsi que l'absence presque complète de sillon antérieur, lui donnent une physionomie qui le distingue tout d'abord de ses congénères. Une espèce décrite par l'un de nous sous le nom d'*Euspatangus carinatus* (1) pourrait paraître, à cause de son nom spécifique, avoir quelque analogie avec l'espèce algérienne ; mais elles n'ont de commun que l'idée qu'éveille le mot de *carinatus*, le reste est complètement différent ; le sillon impair, entre autres détails, est très creusé dans l'une et à peu près nul dans l'autre. Malgré sa forme toute particulière, l'*Eusp. subrostratus* ne nous paraît pas sortir du genre auquel nous l'attribuons, et ne saurait en être distrait. Ses caractères génériques ne sont pas contestables, et nous n'éprouvons aucun doute à cet égard, à moins que l'insuffisance des matériaux que nous avons étudiés ne nous ait induits en erreur.

Localité. — Kef Iroud. — Étage éocène. — Recueilli par M. le Mesle, avec *Euspat. cruciatus.* Rare.

Collections Gauthier, la Sorbonne.

Explication des figures. — Pl. II, fig. 1, *Euspatangus subrostratus,* de la collection Gauthier, vu de profil ; fig. 2, le même, face supérieure : fig. 3, face inférieure.

---

(1) Cotteau, *Echinides nouv. ou peu connus,* 1re série, p. 175, pl. XXIV, fig. 5-6.

 EUSPATANGUS HAGENMULLERI, Peron et Gauthier, 1885.

Pl. II, fig. 7-8.

Longueur, 25 mill. — Largeur, 25 mill. — Hauteur, 16 mill.

Espèce de petite taille, aussi large que longue, à pourtour sub-circulaire, sauf qu'il est tronqué en arrière et échancré en avant. Partie postérieure épaisse; face supérieure assez élevée, déclive de tous côtés, ayant son point culminant en arrière du sommet, au milieu de la carène impaire. Face inférieure à peu près plate, à peine creusée autour du péristome, avec plastron assez renflé. Sommet central.

Ambulacre antérieur différent des autres, logé dans un sillon peu sensible près du sommet, s'évasant et se creusant à mesure qu'il descend, échancrant assez fortement le bord antérieur. Les paires de pores, peu nombreuses et très petites, sont portées par des plaques pentagonales, qui s'agrandissent progressivement, en s'éloignant de l'appareil apical. Les plus supérieures sont extrèmement réduites.

Ambulacres pairs égaux, acuminés, formés de zones porifères égales, assez larges, déprimées. Les pores, bien ouverts, sont reliés par un sillon, et l'espace interzonaire, à peu près à fleur de test et dominant les zones porifères, est plus large que l'une d'elles. Les ambulacres antérieurs sont très divergents, sans cependant former une ligne droite; la zone la plus en avant est arquée, et les paires de pores qui avoisinent le sommet sont oblitérées. Ambulacres postérieurs beaucoup moins divergents, assez écartés cependant, s'avançant presque jusqu'à la partie postérieure.

Aires interambulacraires saillantes à la partie supérieure. Sauf l'impaire, elles portent toutes de gros tubercules scrobiculés, disposés sans ordre apparent et peu nombreux. Les plus élevés sont assez rapprochés du sommet; les plus bas sont limités par le passage du fasciole péripétale. Bien que notre exemplaire usé ne nous permette pas de voir ce fasciole, son existence nous paraît démontrée par la manière dont cessent subitement les gros tubercules. Il devait passer assez près du bord en avant et en arrière.

Péristome médiocrement éloigné du bord antérieur, transverse, semi-lunaire, avec lèvre postérieure saillante.

Périprocte grand, ovale verticalement, occupant la plus grande partie de la troncature postérieure. L'état de notre exemplaire ne nous permet pas de voir le fasciole sous-anal. La face inférieure est couverte de tubercules assez développés, homogènes et obliques sur les côtés. Le plastron en était également orné.

Rapports et différences. — Nous ne connaissons qu'un exemplaire de l'espèce que nous décrivons, et, malgré sa petite taille, nous le croyons adulte ; il peut se faire néanmoins que l'espèce atteigne un développement plus considérable. Cet exemplaire est bien conservé comme forme générale; mais la surface a été polie par les causes extérieures, et plusieurs détails sont presque effacés. Tel que nous le possédons, l'*Euspatangus Hagenmulleri* nous a paru se distinguer de ses congénères par sa taille médiocre, sa forme épaisse en arrière et subcirculaire à la base. Les ambulacres antérieurs sont moins divergents que dans les espèces précédentes, et les postérieurs sont un peu plus écartés. C'est un type qui aura besoin d'être étudié plus complétement quand on aura entre les mains des matériaux mieux conservés et plus nombreux.

Localité. — Kef Iroud. — Étage éocène. — Recueilli par M. le docteur Hagenmüller.

Collection de la Sorbonne.

Explication des figures. — Pl. II, fig. 7, *Euspatangus Hagenmulleri*, de la collection de la Sorbonne, vu de profil ; fig. 8, le même, face supérieure.

Genre Tuberaster, Peron et Gauthier, 1885.

Test subcordiforme, tronqué en arrière.

Ambulacre impair différent des autres.

Ambulacres pairs lancéolés, avec paires de pores assez distantes les unes des autres. Les ambulacres antérieurs ont les pores oblitérés près du sommet, et jusqu'au milieu pour les zones les plus en avant, par suite de la présence d'un fasciole interne, comme dans les *Echinocardium*.

La face supérieure est ornée de gros tubercules, dans les aires interambulacraires paires, comme dans les *Euspatangus*. Ces tubercules descendent trop bas en avant pour que la présence d'un fasciole péripétale soit probable ; l'état de notre exemplaire ne nous permet pas d'être affirmatifs à ce sujet.

Péristome muni en avant, de chaque côté, d'une protubérance accentuée et d'un bourrelet ou pli comme dans le genre *Gualtieria*.

Partie postérieure ornée, au-dessous du périprocte, d'un écusson entouré d'un fasciole, avec pores de chaque côté.

Rapports et différences. — Le genre *Tuberaster* se rapproche des *Echinocardium* par ses fascioles et ses ambulacres ; il s'en éloigne par les gros tubercules de la face supérieure et les protubérances qui entourent le péristome.

Ces protubérances buccales rapprochent notre genre des *Gualtieria;* mais les gros tubercules de la face supérieure ne peuvent concorder avec ce genre.

Enfin il se distingue des *Euspatangus* par les protubérances buccales, et très probablement aussi par la présence d'un fasciole interne et l'absence d'un fasciole péripétale.

Deux des caractères que nous indiquons, la présence d'un fasciole interne et l'absence d'un fasciole péripétale n'ont que la valeur d'une conjecture, le seul exemplaire suffisamment conservé que nous possédions étant trop usé pour nous permettre de distinguer les fascioles. Mais en admettant que nos suppositions ne soient pas exactes, notre exemplaire ne pourrait néanmoins se rapporter à aucun des genres connus, la présence de protubérances buccales, qui l'éloignent des *Echinocardium* et des *Euspatangus*, étant certaine, et les gros tubercules de la face supérieure ne permettant pas de le rapporter aux *Gualtieria*.

Tuberaster tuberculatus, Peron et Gauthier, 1885.

Pl. III, fig. 1-4.

Longueur, 32 mill. — Largeur, 29 mill. — Hauteur, 18 mill.

Espèce subcordiforme, tronquée en arrière, sinueuse en avant. Face supérieure assez relevée, déclive de chaque côté, avec interambulacre postérieur caréné. En avant, à moitié de la distance du sommet au bord, le test s'abaisse tout à coup, presque verticalement. Bord tranchant ; face inférieure plate ; le plastron fait saillie et ses bords forment un bourrelet au-dessus des avenues ambulacraires. Sommet à peu près central, plutôt porté en avant qu'en arrière.

Appareil apical compacte, composé de quatre pores génitaux très rapprochés, portés par des plaques médiocrement développées, comme dans les *Euspatangus*, et de cinq plaques ocellaires qui entourent les plaques génitales, en s'intercalant dans les angles.

Ambulacre impair logé dans un sillon à peine marqué près du sommet, plus accentué, mais évasé à partir de l'endroit où le test tombe brusquement en avant. Pores très petits, disposés par paires assez rapprochées, sans être nombreuses, près du sommet et, sans doute, jusqu'à l'endroit où devait passer le fasciole interne, qui coïncidait avec le changement de direction du test ; elles sont plus écartées ensuite.

Ambulacres pairs antérieurs assez longs, terminés en pointe, moins divergents que dans la plupart des *Euspatangus*. Zones porifères légèrement déprimées, la postérieure droite, l'antérieure arquée. Pores grands et largement ouverts ; paires assez distantes, au nombre de seize, entières dans la zone postérieure, et de huit dans la zone antérieure ; le reste, plus rapproché du sommet, est oblitéré. L'espace interzonaire, plus large qu'une des zones, est à fleur de test.

Ambulacres postérieurs assez convergents, aussi longs que les antérieurs, lancéolés et légèrement infléchis à l'extrémité. Les pores ont la même disposition que dans les autres, et les paires les plus rapprochées du sommet sont oblitérées, mais trois ou quatre seulement.

Péristome éloigné du bord, au tiers environ de la longueur totale. Il est fortement déprimé, tandis que la plaque terminale de l'aire interambulacraire forme postérieurement une lèvre proéminente. En avant, deux protubérances arrondies font saillie au-dessus de l'ouverture. En arrière des protubérances, on distingue encore de chaque côté un pli médiocrement accentué.

L'intervalle est muni de pores terminant les avenues ambulacraires.

Le plastron, de forme triangulaire, à peine convexe, s'élève subitement au-dessus des avenues ambulacraires; le bord est couvert, dans toute la longueur, de petits tubercules fortement scrobiculés.

Périprocte placé au sommet de la troncature postérieure, à peu près à moitié de la hauteur totale. Il est ovale et grand. Au-dessous se trouve un écusson, entouré d'un fasciole, sur les bords internes duquel on distingue quelques paires de pores de chaque côté.

Les gros tubercules de la face supérieure sont à peu près disposés comme dans les *Euspatangus*. Cependant, en avant, ils descendent assez bas au-delà de l'extrémité du pétale ambulacraire pour faire supposer qu'ils n'étaient pas limités par un fasciole. A la face inférieure les tubercules sont assez saillants sur les côtés; ils diffèrent de ceux du plastron, en ce que ces derniers, moins marqués, sont comme cachés dans un scrobicule relativement profond.

Localité. — Kef Iroud. — Étage éocène. Très rare. Recueilli par M. le Mesle.

Collection Gauthier.

Explication des figures. — Pl. III, fig. 1, *Tuberaster tuberculatus*, de la collection Gauthier, vu de profil; fig. 2, le même, face supérieure; fig. 3, le même, face inférieure; fig. 4, face inférieure agrandie.

Macropneustes elongatus, Peron et Gauthier, 1885.

Pl. III, fig. 5-7.

Longueur, 41 mill. — Largeur, 36 mill. — Hauteur, 25 mill.

Espèce cordiforme, allongée, à pourtour fortement échancré en avant par le sillon ambulacraire et tronqué en arrière. Face supérieure assez élevée, plus rapidement déclive en avant qu'en arrière, carénée dans l'aire interambulacraire postérieure, tombant en forme de toit sur les côtés. Dessous plat, sauf une dépres-

4

sion autour du péristome. et un médiocre renflement du plastron. Sommet excentrique en avant ; la plus grande hauteur se trouve un peu en arrière.

Ambulacre impair logé dans un sillon peu marqué près du sommet, se creusant vite et échancrant fortement le bord inférieur, où il est large. Zones porifères étroites, à fleur de test, composées de pores très petits. Les paires sont situées au milieu des plaques, qui s'agrandissent régulièrement depuis le sommet jusqu'à l'ambitus. Ces plaques sont granuleuses et bordées de rangées verticales de tubercules dans toute leur longueur.

Ambulacres pairs antérieurs longs, assez étroits, logés dans un sillon peu profond, médiocrement fermés à l'extrémité. Ils sont droits, et comprennent environ trente paires de pores peu serrées. Pores allongés, bien ouverts, conjugués entre eux. L'espace interzonaire, resserré aux deux extrémités, est plat et déprimé, couvert de fins tubercules, et n'est pas plus large au milieu que l'une des deux zones.

Ambulacres postérieurs aussi longs que les antérieurs, et montrant à peu près le même nombre de paires de pores. Les détails sont les mêmes, avec cette différence que les deux zones les plus rapprochées de la carène interambulacraire sont légèrement arquées.

Péristome excentrique en avant, mais éloigné du bord, situé à peu près au tiers de la longueur totale. Il est sensiblement déprimé ; mais la lèvre postérieure est très proéminente.

Périprocte grand, ovale verticalement, placé au sommet de la troncature postérieure, qui ne dépasse pas la moitié de la hauteur totale du test.

Des tubercules plus gros que les autres, crénelés et scrobiculés, sont disséminés à la face supérieure, où ils ornent non seulement les interambulacres pairs, mais aussi l'impair. Ils sont distribués sans ordre apparent, et médiocrement rapprochés. Les intervalles sont remplis par des tubercules plus fins et des granules. Il nous semble reconnaître les traces d'un fasciole péripétale, l'usure du test nous laissant néanmoins quelques doutes. A la partie inférieure, de gros tubercules ornent les abords du péristome, en avant surtout et sur les côtés. Le plastron est entièrement granuleux. Il est probable qu'il existe un fasciole sous-anal ; mais l'état de notre exemplaire ne nous donne pas, à cet égard, plus de certitude que pour le fasciole péripétale.

Rapports et différences. — La forme allongée du *Macropneustes elongatus* le différencie assez facilement de ses congénères. Il est complétement distinct de toutes les autres espèces algériennes que nous connaissons. Hors de l'Algérie, la forme la plus voisine est peut-être le *Macropn. brissoïdes*, Desor, qu'on rencontre dans le Vicentin, et dont les ambulacres sont aussi longs et semblablement disposés. Notre type est relativement plus élevé, plus caréné à la partie supérieure ; le sillon ambulacraire antérieur entame plus fortement le bord ; la partie postérieure est plus étroite.

Localité. — Kef Iroud. — Étage éocène. Rare. Recueilli par M. le Mesle.

Collection Gauthier.

Explication des figures. — Pl. III, fig. 5, *Macropneutes elongatus*, de la collection Gauthier, vu de profil ; fig. 6, le même, face supérieure ; fig. 7, face inférieure.

Macropneustes abruptus, Peron et Gauthier, 1885.

Pl. IV, fig. 1.

Nous désignons, sous cette dénomination spécifique, un exemplaire mal conservé, appartenant sans aucun doute au genre *Macropneustes*, et dont la physionomie est assez caractérisée pour que nous n'hésitions pas à y voir un type spécifique nouveau. Malheureusement bien des détails manqueront dans notre description.

Espèce de grande taille, élevée. Face supérieure très déclive de chaque côté et tombant d'une manière abrupte à la partie antérieure, inclinée plus doucement vers l'arrière. Pourtour échancré en avant par le sillon ambulacraire, coupé en arrière par la troncature postérieure. Face inférieure légèrement ondulée, plus renflée à l'endroit du plastron interambulacraire. Sommet apical très excentrique en avant.

Ambulacre impair logé dans un sillon assez profond, échancrant fortement l'ambitus. Les détails des pores nous manquent.

Ambulacres pairs antérieurs très divergents, logés dans des sillons médiocrement creusés, longs, mal fermés à l'extrémité. Chaque zone porifère se compose d'environ vingt-six paires de pores. Ces pores sont largement ouverts, acuminés à la partie interne, conjugués par un sillon ; les paires sont assez distantes. L'espace interzonaire est étroit, beaucoup moins large qu'une des zones.

Ambulacres postérieurs convergents, moins longs que les antérieurs, légèrement arqués. Les zones porifères comptent environ vingt paires de pores chacune. Tous les autres détails, et, notamment, l'étroitesse de la partie interzonaire, sont conformes à ceux des ambulacres antérieurs.

Péristome placé assez loin du bord antérieur.

Périprocte situé au sommet de la troncature postérieure, qui est peu élevée et n'excède pas la moitié de la hauteur totale du test.

La surface corrodée de notre unique exemplaire ne nous permet pas de donner une description des fascioles ou de la granulation. On peut cependant constater avec certitude qu'il y a quelques tubercules plus gros que les autres dans les interambulacres de la face supérieure. A la face inférieure, le plastron était tuberculé. Il offrait un large développement par suite de la réduction des ambulacres postérieurs qui laissaient en arrière, sans l'occuper, environ un tiers de la longueur totale.

Rapports et différences. — Le *Macropneustes abruptus* nous paraît avoir eu une assez grande analogie de forme avec le *Macr. Pellati*, Cotteau, de Biarritz. La partie antérieure, notamment, offre une grande ressemblance. La partie postérieure est moins horizontale dans notre exemplaire, et la troncature postérieure s'élève moins haut. Les ambulacres, disposés de la même manière, avec une zone interporifère très étroite dans les deux espèces, diffèrent sensiblement en ce que dans le *Macropneustes Pellati* les postérieurs sont un peu plus longs que les antérieurs, tandis que c'est tout le contraire qui a lieu dans le *Macr. abruptus*. Il n'en reste pas moins beaucoup de points communs entre ces deux espèces, qui se distinguent de tous leurs congénères par leur forme brusquement relevée en avant et à côtés très déclives.

Localité. — Kef Iroud. — Étage éocène. Rare. Recueilli par M. le Mesle.

Collection Gauthier.

Explication des figures. — Pl. IV, fig. 1, *Macropneustes abruptus*, de la collection Gauthier. — Le dessinateur a un peu trop restauré cet exemplaire.

Macropneustes Baylei, Coquand, 1862.

Macropneustes Baylei, Coquand, *Mém. de la Soc. d'Émul. de la Provence*, tome II, p. 274, pl. XXXI, fig. 12, 13, 1862.

Espèce de grande taille, à pourtour subovalaire, assez épaisse, sinueuse en avant, rétrécie et médiocrement tronquée en arrière. Face supérieure arrondie, s'abaissant en pente à peu près égale de tous côtés, un peu plus déclive en avant qu'en arrière; le point culminant est un peu en arrière du sommet. La suture de l'aire interambulacraire impaire, sans être carénée, est cependant relevée dans toute sa longueur. Bord inférieur épais; dessous à peu près plat, creusé autour du péristome. Sommet fortement excentrique en avant, situé au tiers de la longueur totale.

Appareil apical peu développé, montrant quatre pores génitaux très rapprochés l'un de l'autre, les deux postérieurs un peu plus grands et plus écartés. Le corps madréporiforme sépare ces deux derniers et se prolonge en arrière, sans dépasser les pores ocellaires. Plaques ocellaires petites, s'intercalant dans les angles des plaques génitales.

Ambulacre impair différent des autres, enfermé dans un sillon évasé, peu sensible près du sommet, se creusant peu à peu, échancrant sensiblement le bord, et se continuant jusqu'au péristome, sans cesser d'être large et assez profond. Pores très petits, disposés par paires très réduites et obliques, peu serrées même près du sommet.

Ambulacres pairs larges et très longs, s'étendant presque jusqu'au bord. Ils sont logés dans des sillons évasés, peu profonds, bien caractérisés néanmoins. Zones porifères égales et larges; pores allongés, conjugués par un sillon; les paires sont séparées par un fort bourrelet granuleux. L'espace interzonaire est à peu près égal en largeur à une des zones, mais plutôt moindre; il nous semble porter des tubercules bien déterminés. Les ambulacres antérieurs, en tout semblables aux postérieurs, sont cependant un peu moins longs par suite de l'excentricité du sommet; ils sont très divergents. Les postérieurs le sont moins, sans être rapprochés, et sont légèrement infléchis à l'extrémité.

Péristome excentrique en avant, situé à vingt millimètres du bord dans un exemplaire de soixante-douze millimètres; il est large, transverse, semi-lunaire, la partie convexe en avant. Les avenues ambulacraires montrent des pores bien distincts en y aboutissant.

Le périprocte ne nous est pas connu : la description de Coquand n'en parle pas; les figures qu'il a données ne le montrent pas non plus; et, dans le seul exemplaire que nous possédions, cette partie du test est détériorée. Peut-être l'exemplaire de Coquand était-il aussi incomplet de ce côté; et dès lors les rapports génériques de l'espèce pourraient n'être pas solidement établis.

Aires interambulacraires largement développées à la partie supérieure, s'élevant au-dessus des sillons, mais sans dessiner de saillie bien notable. La surface est ornée de tubercules plus gros que les autres, épars sur tous les interambulacres, assez clairsemés. Il ne nous est pas possible de distinguer les fascicules.

Remarque. — Nous n'avons pas entre les mains l'exemplaire qui a servi de type à Coquand; celui que nous possédons et que nous venons de décrire provient de la même localité, et a été recueilli dans la même couche. Il est un peu moins développé que le premier, car la longueur totale n'est que de soixante-douze millimètres au lieu de soixante-dix-huit. Le point culminant est un peu plus en arrière que dans la figure donnée par celui qui l'a décrit avant nous.

Rapports et différences. — Coquand a rapproché le *Macropneustes Baylei* du *Macr. crassus*, mais il en diffère beaucoup par sa forme bien moins épaisse et par sa physionomie générale. L'ensemble paraît plutôt bas qu'élevé, ce qui, joint à sa grande taille, lui donne un aspect facile à reconnaître. et l'éloigne parti-

culièrement des espèces que nous venons de décrire. M. Pomel
a établi récemment un genre *Hypsopatagus* pour les grandes
espèces, telles que *Macropn. crassus, Macropn. Ammon.* Peut-être
l'espèce qui nous occupe pourrait-elle y être comprise. Les caractères qui distinguent le nouveau genre des *Macropneustes* sont
un sommet à peu près central, des zones interporifères à fleur de
test et tuberculées, et l'absence de fasciole sous-anal. Pour ce
dernier caractère, qui nous paraît le plus important, nous ne
saurions rien dire, Coquand n'en faisant pas mention, et notre
unique exemplaire étant mal conservé en cet endroit. Les zones
interporifères sont tuberculées, mais elles ne sont pas à fleur de
test ; le sommet est sensiblement excentrique. Il nous serait donc
bien difficile de dire si notre exemplaire appartient au genre
Hypsopatagus; car, si sa forme paraît l'y rattacher, l'espèce a,
d'un autre côté, de nombreux caractères qui la rapprochent des
vrais *Macropneustes.* Ce n'est pas elle, en tout cas, qui pourra
servir à confirmer la position que M. Pomel donne à ces deux
genres si voisins, en les plaçant dans deux *tribus* différentes.

LOCALITÉ. — Zoui, département de Constantine, dans les couches supérieures de l'étage éocène. Recueilli par M. le Mesle.
Rare.

Collection Gauthier, Coquand?

MACROPNEUSTES ARNAUDI, Coquand, 1862.

MACROPNEUSTES ARNAUDI, Coquand, *Mém. de la Soc. d'Émul. de la Provence,*
tome II, p. 273, pl. XXXII, fig. 13, 1862.

Nous n'avons entre les mains aucun exemplaire de cette espèce ;
nous ne pouvons que reproduire la description qu'en a donnée
Coquand :

« Diamètre : 43 millimètres.

« Espèce de taille moyenne, déprimée, aussi longue que large ;
« pétales d'égale longueur, placés dans des sillons évasés ; les
« antérieurs sont divergents ; zones porifères sensiblement aussi
« larges que l'espace interporifère. Sommet ambulacraire sub-
« central. Tubercules des aires interambulacraires ne s'étendant
« pas au-delà des pétales.

« J'ai recueilli cette espèce dans l'étage suessonien de Zoui, où
« elle est rare. »

Coquand n'avait probablement qu'un exemplaire, et en assez
mauvais état, puisqu'il n'indique pas quelle était la hauteur du
test, et ne parle ni du péristome ni du périprocte. Pour la même
raison sans doute, il n'a donné qu'une figure, représentant la
face supérieure, ce qui ne nous apprend qu'imparfaitement la
forme de cet échinide. Il ne parle pas de la divergence des ambulacres postérieurs, qui est considérable, d'après le dessin ; il ne
fait aucune mention de fascioles, ce qui s'explique facilement
par la mauvaise conservation des fossiles qu'on recueille dans
cette localité. Car tous sont empâtés dans une gangue extrêmement dure, et l'on n'en pourrait dégager aucun, si, par
bonheur, la gangue n'était calcaire et l'oursin siliceux. La figure
montre les gros tubercules répartis sur les cinq aires interambulacraires, ce qui est bien un caractère des *Macropneustes ;* toutefois le peu de profondeur des ambulacres « placés dans des sillons
évasés, » pourrait faire supposer que cette espèce appartient au
genre *Hypsopatagus* Pomel. Nous ne pouvons nous prononcer,
faute de documents.

SCHIZASTER VICINALIS, Agassiz, 1847.

Pl. V, fig. 1-4.

Longueur, 50 mill. — Largeur, 48 mill. — Hauteur, 30 mill.

Espèce à pourtour inférieur subarrondi, presque aussi large
que longue, échancrée en avant et tronquée en arrière, ayant
son point culminant à mi-distance entre le sommet et l'extrémité postérieure. Dessus fortement déclive d'arrière en avant ;
le bord antérieur est assez mince, tandis que le postérieur est
très épais. Aire interambulacraire impaire fortement carénée et
se terminant par un rostre qui domine la face anale. Partie postérieure tronquée et rentrante. Face inférieure renflée à l'endroit
du plastron, à peine creusée autour du péristome. Sommet très
excentrique en arrière.

L'appareil apical est peu développé, enfoncé au milieu des

saillies terminales des aires interambulacraires. Il ne nous paraît pas compter plus de deux pores génitaux, les postérieurs, qui sont largement ouverts.

Ambulacre impair logé dans un sillon profond et large, avec fond plat et deux parois non seulement verticales, mais excavées, et surplombées par le bord du sillon. Ce sillon se rétrécit un peu près de la partie inférieure, et reste bien marqué jusqu'au péristome.

Zones porifères appliquées, en partie, contre les parois. Elles offrent une disposition extrêmement remarquable : chaque côté comprend trois rangées de paires de pores, vers le milieu du sillon ; deux seulement montent jusque près du sommet ; la troisième, la plus interne, ne compte que quelques paires ; aucune ne se prolonge jusqu'au bord inférieur, et c'est la plus externe qui descend le plus bas. Les pores sont petits, disposés obliquement dans chaque paire, où ils sont séparés par un granule. Malgré la largeur que ces trois rangées donnent à chaque zone porifère, l'espace intermédiaire reste encore aussi large qu'une des zones.

Ambulacres pairs antérieurs longs, rapprochés, quoique assez divergents pour le genre ; ils sont logés dans des sillons profonds, à parois excavées et recouvertes par le bord, rétrécis et fortement flexueux près du sommet. Zones porifères simples, larges, composées de pores bien ouverts, acuminés à la partie interne. Un petit sillon conjugue les deux pores, dont l'un est placé dans la paroi verticale, et qui sont assez distants. Un fort bourrelet sépare les paires. L'espace interzonaire est un peu moins large qu'une des zones.

Ambulacres postérieurs courts, n'atteignant guère que la moitié de la longueur des antérieurs. Les zones porifères offrent la même disposition, mais elles sont moins larges.

Péristome placé près du bord, large. avec une lèvre fortement saillante à la partie postérieure. L'extrémité des avenues ambulacraires se déprime sensiblement à son approche.

Périprocte ovale verticalement, placé sous le rostre, qui surplombe la face postérieure ; quelques nodosités couvrent le bord inférieur.

Aires interambulacraires très saillantes à la face supérieure, surtout près du sommet; les antérieures, resserrées entre les sillons ambulacraires, montrent dans cette partie une forte carène.

Tubercules homogènes, fins et très serrés sur toute la face supérieure; ils sont plus développés en dessous et moins nombreux, surtout aux environs du péristome. Ceux qui couvrent le plastron diminuent de volume à mesure qu'ils se rapprochent de la partie postérieure.

Le fasciole péripétale est très sinueux et suit de près les ambulacres en s'élargissant un peu à leur extrémité. Il forme un angle sortant entre les deux ambulacres postérieurs, et, en avant, il traverse le sillon assez loin du bord. Le fasciole latéral se détache du premier en arrière des ambulacres pairs antérieurs, à peu près au tiers de leur longueur; de là, il passe sous le périprocte en faisant un pli.

Rapports et différences. — Le *Schizaster vicinalis* ressemble, comme nous l'avons dit plus haut, au *Schizaster rimosus*, dont il se distingue surtout par la largeur de son sillon impair. Ces deux espèces se rencontrent ensemble dans le sud-ouest de la France.

Nous avons comparé notre exemplaire algérien avec un autre, d'une belle conservation, recueilli à Biarritz. Bien que l'individu du Kef Iroud soit de plus grande taille, il y a une telle conformité entre ces deux échinides, que leur identité spécifique ne paraît pas contestable. Après un examen attentif, nous avons reconnu que l'exemplaire de Biarritz présente également le caractère inté ressant de la multiplicité des rangées porifères dans l'ambulacre impair. Personne, jusqu'ici, n'avait signalé ce fait, et cela n'a rien d'étonnant; car ces paires de pores sont extrêmement petites, et ne peuvent se discerner que sur un sujet bien nettoyé, ce qui se rencontre rarement dans ces fossiles de Biarritz. La profondeur du sillon et sa forme font qu'il est souvent empâté.

La disposition multiple des rangées de pores dans l'ambulacre impair rapproche le *Sch. vicinalis* du *Sch. canaliferus,* qui vit dans la Méditerranée, et qui montre de chaque côté deux rangées de petites paires de pores. L'espèce fossile n'est pas sans analogie

de formes avec l'espèce vivante; c'est la même excentricité du
sommet, la même exagération du sillon ambulacraire impair, la
même déclivité en avant. Notre espèce est plus rétrécie en arrière,
plus élargie en avant et moins allongée.

Entre l'exemplaire fossile de Biarritz et notre exemplaire algérien il existe une petite différence que nous devons signaler. Ce
dernier compte trois rangées de pores, tandis que l'autre n'en a
que deux de chaque côté de l'ambulacre impair. Cette troisième
rangée, peu développée, n'est probablement dûe qu'à la différence de taille, qui est assez considérable. Elle ne monte pas
jusqu'en haut et descend moins bas que les autres, et nous n'y
comptons guère que cinq ou six paires de pores. Il nous semble
donc que ce n'est qu'un résultat de la croissance de l'individu,
et non une distinction spécifique.

On peut se demander maintenant s'il serait à propos d'établir
une distinction entre les *Schizaster* à rangées de pores multiples
dans l'ambulacre impair, et ceux qui n'ont qu'une simple rangée
de chaque côté du sillon. Tant que l'espèce qui vit dans la Méditerranée a été considérée comme la seule présentant le caractère
exceptionnel de la multiplicité des rangées, les auteurs des différentes classifications ou ne s'en sont point aperçus ou n'y ont
attaché qu'une médiocre importance. En effet, cette particularité
reste isolée et ne modifie rien ni dans la physionomie, ni dans la
constitution du reste de l'animal. Si d'un côté on s'est servi bien
des fois de la présence de rangées multiples pour différencier des
genres parmi les échinides, il faut reconnaître aussi que le
même fait peut n'avoir pas la même valeur taxonomique dans
toutes les familles. Notre observation ne porte jusqu'à présent
que sur deux espèces; d'autres peut être, plus attentivement
examinées, pourront s'y joindre et apporter leur contingent de
renseignements utiles. Nous attendrons donc et ne chercherons
pas à établir ici une coupe générique nouvelle. Il faut qu'il soit
démontré auparavant que le fait a une importance réelle. Toutefois, nous tenons à faire observer qu'Agassiz, dans le *Catalogue
raisonné,* en donnant plus de précision à son genre *Schizaster,*
jusqu'alors assez vague, et mal défini dans son premier essai de
classification, a pris pour premier type du genre le *Schiz. canali-*

ferus. Si donc, plus tard, il y avait lieu d'établir deux coupes génériques, c'est à cette espèce et à ses analogues, c'est-à-dire à celles qui ont les rangées de pores multiples, que devrait être réservé le nom de *Schizaster*.

LOCALITÉ. — Kef Iroud. — Étage éocène. Recueilli par M. le Mesle.

Collection Gauthier.

EXPLICATION DES FIGURES. — Pl. V, fig. 1, *Schizaster vicinalis*, de la collection Gauthier, vu de profil; fig. 2, le même, face supérieure; fig. 3, face inférieure; fig. 4, ambulacre impair légèrement agrandi.

SCHIZASTER MAC CARTHYI, Pomel.

SCHIZASTER MAC CARTHYI, Pomel, *Matériaux pour la carte d'Algérie,* p. 21, pl. I, fig. 8-9, pl. II, fig. 7 9.

Nous n'avons pas eu à notre disposition d'exemplaire de cette espèce. D'après la description qu'en donne M. Pomel, il se rapproche beaucoup du *Sch. rimosus,* et c'est peut-être cette espèce qu'avait en vue Nicaise en citant le *Sch. rimosus* parmi les échinides du Kef Iroud. Il se distingue du *Sch. vicinalis,* que nous venons de décrire par son ambulacre antérieur, placé dans un sillon moins large, peut-être aussi par la disposition des pores de cet ambulacre, ce que nous ne pouvons contrôler. Pour le reste des détails, nous renvoyons les lecteurs à la description de M. Pomel.

LOCALITÉ. — Kef Iroud.

SCHIZASTER CONCINNUS, Peron et Gauthier, 1885.

Pl. IV, fig. 2-3.

Longueur, 40 mill. — Largeur, 37 mill. — Hauteur, 25 mill.

Espèce à pourtour presque ovalaire, élargie au milieu, rétrécie à peu près également aux deux extrémités, tronquée en arrière, fortement échancrée en avant. Face supérieure déclive d'arrière en avant, avec la suture de l'interambulacre impair saillante, sans être carénée; il n'y a pas de prolongement du test au-dessus du périprocte. Partie postérieure tronquée un peu obliquement : c'est le bord inférieur qui est le plus allongé.

Sommet à peu près central. Il ne paraît pas y avoir eu plus de deux pores génitaux ; mais nous ne saurions l'affirmer complétement vu l'état de notre exemplaire.

Ambulacre impair large, logé dans un sillon profond, à fond plat, à bords fortement relevés et carénés. Zones porifères étroites, placées sous un bourrelet formé par le bord du sillon. Les pores sont petits, séparés dans chaque paire par un renflement granuliforme. L'espace interzonaire est très large.

Ambulacres pairs antérieurs peu divergents, infléchis près du sommet et à l'extrémité opposée. Ils sont logés dans de profonds sillons, étroits d'abord, puis sensiblement élargis au milieu, avant le rétrécissement final. Pores allongés, acuminés à la partie interne. Paires au nombre de trente-deux environ, séparées par de petits bourrelets bien marqués et couverts de granules. Espace interzonaire large et granuleux.

Ambulacres postérieurs plus courts et plus étroits que les antérieurs, comme eux placés dans de profonds sillons légèrement infléchis à l'extrémité. Les paires de pores sont séparées par des bourrelets, et nous en comptons vingt-deux. Pores distants dans chaque paire, d'où il résulte que l'espace interzonaire est moins large qu'une des zones porifères.

Les aires interambulacraires sont renflées, surtout les antérieures, en aboutissant au sommet, et dominent celui-ci, qui paraît déprimé ; mais ce caractère est moins accentué dans notre espèce que dans beaucoup de ses congénères.

Péristome assez éloigné du bord, mal conservé dans notre exemplaire.

Périprocte placé au sommet de l'aire anale, qui occupe toute la troncature postérieure.

Le fasciole péripétale suit les bords des sillons ambulacraires dont il s'écarte peu, sauf près du sommet ; il est élargi à l'extrémité des ambulacres. Le fasciole latéral s'en détache en arrière des ambulacres pairs antérieurs, vers le tiers de la longueur du sillon, d'où il va passer en écharpe sous le périprocte.

Rapports et différences. — **Au** premier aspect, le *Schizaster* *concinnus*, avec son sommet central, sa face supérieure peu tourmentée, sa partie postérieure non rostrée, n'a guère la physionomie de la plupart de ses congénères, et ressemble plutôt à un *Linthia*. Nous croyons néanmoins que c'est bien au genre *Schizaster* qu'il convient de le rattacher. Le sillon qui contient l'ambulacre impair, à bords abruptes et excavés, plat au fond, entamant fortement l'ambitus, la forme sinueuse des ambulacres pairs antérieurs, les pétales postérieurs légèrement arqués, sont des caractères de premier ordre qui éloignent notre exemplaire des *Linthia*. Si nous le comparons aux espèces du genre *Schizaster*, qui ont le sommet presque central, il aura une assez grande ressemblance avec le *Schiz. Zitteli* de Loriol. Il s'en distingue par son sillon ambulacraire impair plus creusé, échancrant plus profondément l'ambitus ; par ses ambulacres pairs antérieurs également plus profonds et s'approchant davantage du bord. Il en résulte que le fasciole péripétale passe sensiblement plus bas dans notre type ; les aires interambulacraires sont plus renflées près du sommet, quoiqu'elles ne le soient pas excessivement ; le péristome est moins éloigné du bord. Malgré ces différences, les deux espèces ont une certaine analogie, et il est intéressant de les rapprocher, d'autant plus que le *Schiz, Zitteli* provient également d'une terre africaine, de l'Égypte.

LOCALITÉ. — Aïn Ougrab ; Zoui, département de Constantine. — Étage éocène.

Collection Gauthier.

EXPLICATION DES FIGURES. — Pl. IV, fig. 2, *Schizaster concinnus*, de la collection Gauthier, vu de profil ; fig. 3, le même, face supérieure.

SCHIZASTER MESLEI, Peron et Gauthier, 1885.

Pl. IV, fig. 4-9.

PERIASTER OBESUS, Coquand, *Mém. de la Soc. d'Emul. de la Provence*, t. II, p. 310, 1862.

Longueur, 25 mill.	— Largeur, 23 mill.	— Hauteur, 18 mill.
— 30 —	— 27 —	— 20 —
— 33 —	— 30 —	— 24 —
— 39 —	— 36 —	— 28 —

Espèce à pourtour largement ovalaire, médiocrement rétrécie en arrière et en avant, mais un peu plus en arrière, haute et d'apparence gibbeuse dans les grands exemplaires. Face supérieure élevée, ayant son point culminant près du bord postérieur, sur la carène interambulacraire; de là le test s'abaisse rapidement en avant et sur les côtés. Partie antérieure fortement entaillée par le sillon ambulacraire; face anale tronquée, verticale, sans rostre qui la domine. Dessous convexe, avec bord pulviné, sans dépression sensible au passage des ambulacres. Sommet excentrique en arrière, situé aux 62/100 de la longueur totale.

Appareil apical montrant quatre pores génitaux, deux en arrière, larges et fortement écartés, deux plus petits en avant, à peine plus rapprochés que les postérieurs. Les pores ocellaires, bien visibles, sont plus éloignés du centre, sauf le pore de l'ambulacre impair qui s'avance jusqu'au niveau des pores génitaux antérieurs. Le corps madréporiforme, qui occupe le milieu de l'appareil, s'allonge en arrière jusqu'à la ligne des pores ocellaires.

Ambulacre impair logé dans un sillon profond et large, à bords escarpés, à fond plat. Ce sillon se rétrécit un peu à l'ambitus, qu'il échancre fortement; il est beaucoup moins sensible aux approches du péristome. Zones porifères simples, assez longues, comptant environ de chaque côté vingt paires de pores, appliquées contre la paroi verticale du sillon. Les pores sont assez grands, disposés obliquement et séparés par un renflement granuliforme. L'espace intermédiaire, formant le fond du sillon, est large et granuleux.

Ambulacres pairs antérieurs infléchis près du sommet, sinueux aussi à l'extrémité, mais médiocrement longs et mal fermés. Ils sont logés dans des sillons profonds. Zones porifères larges, comprenant environ trente-deux paires de pores allongés ; un bourrelet granuleux sépare les paires dont la partie externe se dresse contre la paroi verticale du sillon.

Ambulacres postérieurs beaucoup plus courts, comprenant vingt-deux paires de pores à peu près semblables à celles des ambulacres antérieurs. Les sillons sont profonds, moins cependant que les autres, élargis au milieu, arrondis aux extrémités.

Les aires interambulacraires font saillie près du sommet, et l'appareil se trouve ainsi placé dans une petite dépression. Sur les côtés on distingue des protubérances noduleuses.

Péristome assez éloigné du bord, sans être cependant très reculé, largement ouvert en forme de croissant, avec lèvre postérieure saillante, mais non aiguë.

Périprocte situé au sommet de la face postérieure, qui est droite, et n'est surplombée par aucune saillie du test. Il est ovale verticalement et de moyenne grandeur.

Une granulation fine couvre le test; elle n'augmente que très peu de volume aux alentours du péristome. Le plastron interambulacraire est très granuleux.

Le fasciole péripétale suit le bord des sillons ambulacraires pairs, dont il ne s'écarte un peu que dans la partie rétrécie qui avoisine l'appareil apical. En arrière, il traverse la carène interambulacraire en présentant une légère sinuosité. En avant, il s'infléchit vers le bord antérieur, dont il passe assez près en traversant le sillon. Le fasciole latéral se détache en arrière des ambulacres antérieurs, presque au milieu de la longueur des sillons, et va passer sous le périprocte.

Rapports et différences. — Coquand, qui avait recueilli cette espèce dans plusieurs localités de la province de Constantine, l'a assimilée, comme nous l'avons dit plus haut, et bien à tort, au *Periaster obesus*, Desor *(Spatangus obesus*, Leymerie). Outre la différence générique, qui est incontestable, l'analogie spécifique est loin d'être frappante entre les exemplaires algériens et ceux des Pyrénées. C'est probablement aussi notre espèce qu'avait en vue Nicaise en citant l'*Hemiaster obesus* dans la province d'Alger, mais nous en sommes moins certains. — Le *Schizaster Meslei* peut être comparé au *Schiz. africanus* de Loriol. Notre espèce est moins haute, un peu plus étroite, plus fortement échancrée en avant, sans rostre postérieur, et le sommet est plus excentrique. Il se rapproche beaucoup plus encore du *Schiz. Mokattanensis* du même auteur; il en a la physionomie, le pourtour largement ovalaire, la hauteur, la taille. Nous avons néanmoins constaté plusieurs différences. D'abord, dans notre espèce, l'appareil compte quatre pores génitaux, bien constants sur tous nos exemplaires, tandis qu'il n'y en a que deux dans l'espèce égyptienne ; le sommet est plus en arrière dans le *Schiz. Meslei*, puisqu'il est à 38/100 en partant de la face postérieure, tandis que M. de Loriol indique 45/100 pour son espèce. Les sillons ambulacraires nous paraissent plus profonds, et celui qui renferme l'ambulacre impair échancre plus fortement le bord. Si le fasciole péripétale a bien, en avant, la forme que lui donnent les figures du *Schiz. Mokattanensis* (1), sur nos exemplaires, le fasciole est un peu moins oblique dans cette partie, et ne tend pas si directement vers le bord. Tous ces caractères nous paraissent suffisants pour différencier les deux espèces, malgré les nombreuses analogies qu'elles présentent.

Localité. — Zoui, près de la frontière tunisienne. — Étage éocène. Recueilli en assez grand nombre par M. le Mesle, le *Schiz. Meslei* l'a été en outre par Coquand, à Aïn-Ougrab, à Djélaïl. Coquand indique encore, comme nous l'avons dit plus haut, la Montagne-Noire, sans doute par suite de la confusion qu'il a faite de cet échinide avec le *Spatangus obesus*, et, de plus, l'Égypte. Peut être rapportait-il au même type le *Schiz. africanus* ou le *Schiz. Mokattanensis*, qui n'étaient publiés ni l'un ni l'autre à l'époque où parut son mémoire sur la province de Constantine.

Collections Gauthier, le Mesle, Peron.

Explication des figures. — Pl. IV, fig. 4, *Schizaster Meslei*, de la collection Gauthier, vu de profil ; fig. 5, le même, face supérieure ; fig. 6, autre exemplaire de taille moyenne, face supérieure ; fig. 7, le même, face inférieure ; fig. 8, exemplaire de petite taille, face supérieure ; fig. 9, le même, face inférieure.

Linthia bisulca? Peron et Gauthier, 1885.

Pl. VI, fig. 1.

Nous désignons sous ce nom, sans pouvoir en donner une description complète, un exemplaire d'assez grande taille, mal-

(1) *Eocaene Echinoideen aus Ægypten und der libyschen Wüste*, pl. X, fig. 1-2.

5

heureusement déformé et usé. Ce n'est que d'après la physionomie générale que nous rapportons cet individu au genre *Linthia*. Les deux fascioles qui caractérisent ce genre sont invisibles, ce qui s'explique par l'usure du test ; à peine peut-on distinguer quelques traces douteuses du fasciole péripétale, qui semble suivre de près les ambulacres.

Espèce cordiforme, assez haute, épaisse ; partie supérieure élevée, avec la suture de l'interambulacre impair probablement carénée. Sommet excentrique en avant. Les ambulacres antérieurs paraissent un peu plus longs que les postérieurs ; les pores, visibles dans un des ambulacres pairs, sont peu allongés, grandement ouverts, un peu plus peut-être qu'il n'arrive ordinairement dans le genre. Ils ressemblent plutôt aux pores des *Macropneustes;* mais il nous a été impossible de découvrir aucune trace de gros tubercules à la partie supérieure.

L'ambulacre impair est logé dans un sillon très profond, qui échancre fortement le bord antérieur. Le péristome est peu éloi gné du bord et montre en arrière une lèvre saillante et acuminée. La face supérieure est tronquée, et le périprocte en occupait le haut.

Comme on le voit, nous ne pouvons rien dire de définitif sur cet exemplaire. Peut-être, si l'on en trouve de meilleurs, y aurat-il lieu de le rapporter à un autre genre ou d'en faire le type de quelque coupe générique nouvelle. Nous ne le citons et n'en donnons une figure que pour guider les géologues qui exploreront les couches où on l'a rencontré.

LOCALITÉ. — Kef Iroud. — Etage éocène.

Collection de la Sorbonne.

EXPLICATION DES FIGURES. — Pl. VI, fig. 1, *Linthia bisulca*, exemplaire unique, déformé.

PERICOSMUS NICAISEI, Pomel, 1885.

Pl. V, fig. 5-7.

PERICOSMUS NICAISEI, Pomel, *loc. cit.*, p. 22, pl. I, fig. 1 ; pl. II, fig. 1-2.

Longueur, 44 mill. — Largeur, 44 mill. — Hauteur. 27 mill.
—   60 —   —   60   -   36 —

Espèce de grande taille, aussi large que longue, uniformément arrondie à la partie supérieure, sauf une déclivité un peu plus rapide en avant, fortement échancrée au pourtour par le sillon antérieur, tronquée en arrière. Face inférieure presque plate, médiocrement renflée à l'endroit du plastron interambulacraire. Sommet un peu excentrique en avant.

Appareil apical légèrement déprimé, assez large. Un seul de nos six exemplaires le montre assez bien conservé. Il n'y a que trois pores génitaux. Les deux postérieurs sont largement ouverts, écartés l'un de l'autre ; l'antérieur de gauche existe, mais il est moins grand ; l'antérieur de droite manque complétement. Pores ocellaires facilement visibles, écartés, surtout les postérieurs. Le corps madréporiforme occupe le centre sans s'étendre, en arrière, jusqu'aux pores ocellaires.

Ambulacre antérieur impair logé dans un sillon d'abord peu marqué près du sommet, dans le court espace où il est horizontal ; puis il s'élargit aussitôt et se creuse à l'endroit où le test s'infléchit subitement vers le bord ; il est large et profond à l'ambitus, où il cause une forte entaille, et se continue jusqu'à la bouche. Les paires de pores sont petites, assez distantes, laissant entre elles un large espace interporifère granuleux.

Ambulacres pairs antérieurs droits, divergents, arrondis à l'extrémité, logés dans des sillons assez larges et médiocrement creusés. Pores allongés, acuminés du côté interne, largement ouverts. Zones porifères développées, ne laissant entre elles qu'un espace resserré, moins large qu'une des zones. Il y a vingt-quatre paires dans notre exemplaire de quarante-quatre centimètres.

Ambulacres pairs postérieurs semblables aux antérieurs, mais un peu moins longs : ils ne comptent que vingt paires de pores sur l'exemplaire précité. Ils sont fort divergents et forment à peu près une ligne droite avec l'ambulacre antérieur en face duquel ils aboutissent au sommet. Tous les détails de pores sont semblables à ceux des autres ambulacres pairs.

Péristome médiocrement éloigné du bord, situé au quart antérieur ; il est bien développé, de forme semi-lunaire, avec une lèvre très saillante à la partie postérieure.

Périprocte ovale, transverse, assez grand. Il est situé au sommet de la troncature postérieure, à moins de moitié de la hauteur totale. Le test forme au-dessus un léger bourrelet.

Tubercules un peu grossiers, médiocrement serrés, uniformes à la face supérieure, sauf quelques-uns un peu plus gros vers le bas du sillon antérieur. En dessous, ceux qui couvrent le plastron sont petits.

Fasciole péripétale visible seulement en partie sur nos exemplaires. Il est facile cependant d'en suivre la direction. Il remonte un peu à l'extrémité de chaque pétale, pour gagner l'extrémité de l'autre ambulacre, ce qui lui donne une étendue restreinte. Le fasciole latéral, complétement détaché, est assez distant du premier et passe bien plus près du bord inférieur que de l'extrémité es pétales . Nous ne pouvons également en distinguer que quelques parties.

Le *Pericosmus Nicaisei* offre quelques variations de forme. Un de nos exemplaires a le sommet apical plus antérieur, et les ambulacres postérieurs presque égaux aux antérieurs ; la forme est également plus déprimée. M. Pomel, sous le nom spécifique de *Pericosmus subæquipetalus* cite une autre variété qui a l'apex plus antérieur et qui, en outre, est plus élevée et plus abrupte en avant. Ce dernier caractère ne convient pas à celui de nos exemplaires qui s'écarte un peu du type, et celui-ci pourrait peut-être servir de transition pour réunir le *P. subæquipetalus* au *P. Nicaisci*. M. Pomel fait des réserves sur la valeur de cette seconde espèce, vu l'insuffisance de ses matériaux. Nous ferons comme lui : bien que nous croyions à une simple variété, nous trouvons nos exemplaires trop mauvais pour en conclure rien de définitif.

Nous pensons que c'est par suite de la difficulté qu'il y a à observer nettement des sujets si mal conservés, que M. Pomel donne au type du *P. Nicaisei* un « apex de Micraster. » Notre exemplaire n'a que trois pores génitaux, et la plupart des *Pericosmus* n'en ont que deux. C'est un détail qui a souvent échappé aux auteurs, sans doute par suite de la mauvaise conservation des échinides qu'ils étudiaient.

Rapports et différences. — Le *Pericosmus Nicaisei* présente bien nettement la forme caractéristique qui distingue ce genre.

Comme aspect général, il y a quelque analogie avec le *Peric. planulatus*, Herklots. Il est un peu plus arrondi au pourtour, la partie antérieure tombe plus subitement ; les ambulacres postérieurs sont moins longs, et le sillon antérieur échancre bien plus sensiblement le bord. Le *Peric. Montevialensis*, Dames, qui a aussi le sillon antérieur très prononcé et les ambulacres postérieurs assez courts, ne peut être rapproché de notre espèce pour les autres détails. Le *Peric. Leymeriei*, Cotteau, est plus large que long ; il a la partie postérieure rentrante, et la partie antérieure plus étroite. Le *Peric. spatangoides*, Desor, est peut-être de toutes les espèces éocènes celle qui se rapproche le plus du *Peric. Nicaisei* : le premier se distingue par sa forme un peu plus longue que large, par ses ambulacres postérieurs plus longs et moins divergents, par sa partie antérieure moins subitement déclive, par sa face anale beaucoup plus rentrante. Les deux espèces ne nous paraissent pas pouvoir être confondues.

LOCALITÉ. — Kef Iroud. — Étage éocène. Six exemplaires, recueillis par M. le Mesle, malheureusement tous en mauvais état, sauf celui que nous faisons figurer.

Collections le Mesle, Gauthier.

EXPLICATION DES FIGURES. — Nous avons été obligés de faire figurer le plus petit de nos exemplaires, à cause du mauvais état de conservation des autres. — Pl. V, fig. 5, *Pericosmus Nicaisei*, de la collection Gauthier, vu de profil ; fig. 6, le même, face supérieure ; fig. 7, le même, face inférieure.

Genre PSEUDOPYGAULUS, Coquand, 1862.

PSEUDOPYGAULUS TRIGERI, Coquand, *Mém. de la Soc. d'Emul. de la Prov.*, tome II, Atlas pl. XXXI, fig. 14-16, 1862.

PETALASTER, Cotteau, *Echin. nouv. ou peu connus*, 2ᵉ série, 3ᵉ fascicule, p. 37, 1884.

Oursins ovoïdes ou subcirculaires, de taille peu développée, pour les trois espèces connues jusqu'à ce jour.

Sommet excentrique en avant. Appareil apical compacte, composé de quatre plaques génitales peu développées et de cinq plaques ocellaires intercalées dans les angles et très petites. Le corps madréporiforme, relativement peu étendu, forme bouton et occupe le centre.

Ambulacre impair différent des autres, formé de petites paires de pores descendant en ligne droite jusqu'au bord et au péristome. Il n'y a point de sillon antérieur ; néanmoins le bord est parfois subsinueux au passage de l'ambulacre.

Ambulacres pairs pétaloïdes, assez bien fermés, superficiels.

Péristome excentrique en avant, transverse, plutôt ovale qu'anguleux, sans entailles et sans lèvre saillante.

Périprocte inframarginal, transverse, subtriangulaire.

Les tubercules uniformes qui couvrent le test sont de même nature que dans les Échinobrissidés.

Rapports et différences. — Le genre *Pseudopygaulus* a pour caractère principal d'avoir les ambulacres paires et les tubercules des Échinobrissidés, et l'ambulacre impair non pétaloïde, s'étendant en ligne droite du sommet au péristome, avec deux zones porifères continues et étroites, à peu près comme dans les pyrines. Cette disposition particulière lui donne une place à part. Il ne saurait être compté dans les Spatangidés, malgré son ambulacre impair différent des autres ; car, pris au détail, tous ses caractères taxonomiques l'éloignent de cette famille ; il ne peut faire partie des vrais Échinobrissidés, puisque les cinq ambulacres ne sont pas semblables. Toutefois, c'est de cette famille qu'il se rapproche le plus, et il doit être classé à côté des *Archiacia*, qui n'y rentrent pas non plus complètement, mais qui s'y rattachent par un grand nombre de caractères. Le genre *Pseudopygaulus* possède, en effet, de nombreux rapports avec le genre *Archiacia* ; ils ont l'un et l'autre les ambulacres pairs pétaloïdes, et l'impair différent, le sommet très excentrique en avant, le périprocte inframarginal. Mais on ne saurait les confondre. L'ambulacre impair des *Pseudopygaulus* diffère de celui des *Archiacia* ; la forme des premiers est beaucoup moins gibbeuse, le sommet moins excentrique, les ambulacres plus développés ; enfin le périprocte est transverse et subtriangulaire, au lieu d'être longitudinal et ovale.

Histoire. — Coquand, le premier, a recueilli des exemplaires de *Pseudopygaulus*. Après avoir décrit la seule espèce alors

connue, sous le nom de *Catopygus Trigeri* (1), il se ravisa, et
comprit que son espèce ne pouvait compter parmi les *Catopygus*.
Son texte était déjà imprimé, et il se contenta, dans l'atlas, à la
légende de la planche, d'indiquer le nom générique de *Pseudopygaulus*. Il n'en a donné aucune diagnose, et n'a pas même
consigné le fait dans un *erratum*. Toutefois, nous croyons devoir
respecter ce titre de priorité, et mettre en synonymie le nom
générique de *Petalaster*, que l'un de nous, ignorant ce détail,
dont ne fait mention aucune table des matières, aucune classification ni aucune synonymie, a donné dernièrement à une nouvelle espèce du genre.

Des trois espèces connues, deux, le *Ps. Trigeri*, recueilli par
Coquand, le *Ps. buccalis*, recueilli par M. le Mesle, appartiennent
bien certainement à l'étage nummulitique de Zoui ; la troisième
espèce, *Ps. Maresi*, Cotteau, recueillie non loin de là, au Kef,
en Tunisie, doit probablement appartenir au même horizon,
et c'est sans doute par erreur qu'on l'a attribuée à la craie supérieure (2).

PSEUDOPYGAULUS TRIGERI, Coquand, 1862.

Pl. VI, fig 2-7.

CATOPYGUS TRIGERI, Coquand, *Mém. de la Soc. d'Émul. de la Provence*,
t. II. p. 274.
PSEUDOPYGAULUS TRIGERI, Coquand, *loc. cit.*, pl. XXXI, fig. 14-16, 1862

Longueur, 22 mill. — Largeur, 18 mill. — Hauteur, 11 mill.
   —   21 —   —   18 —   —   11 —

Espèce de taille moyenne, subpentagonale, assez épaisse,
arrondie et subsinueuse, rétrécie et subrostrée en arrière ; la plus
grande largeur est aux deux tiers postérieurs. Face supérieure
assez régulièrement déclive, ayant son point culminant au sommet, beaucoup plus saillant dans certains exemplaires que dans

(1) *Loc. cit.*, p. 274.

(2) M. Rolland, qui, depuis, a recueilli cette espèce dans la même localité, au Kef (Tunisie), nous a assuré que les couches qui la renferment
sont tertiaires.

d'autres. Face inférieure à peu près plate, un peu déprimée
autour du péristome. Sommet très excentrique en avant.

Appareil apical compacte et peu développé. Il montre quatre
pores génitaux, dont les deux postérieurs sont un peu plus
écartés que les autres. Le corps madréporiforme occupe tout le
milieu, en forme de bouton, et dépasse même les pores génitaux
en arrière. Plaques ocellaires très petites, intercalées dans les
angles des plaques génitales.

Ambulacre antérieur impair à fleur de test, très étroit près du
sommet, un peu plus élargi, mais médiocrement à l'ambitus, se
rétrécissant légèrement en dessous, aux approches du péristome.
Zones porifères droites, ininterrompues du sommet à la bouche,
composées de pores ronds et petits, directement superposés par
paires simples. L'espace interzonaire est tuberculeux, comme le
reste du test.

Ambulacres pairs nettement pétaloïdes, lancéolés, acuminés et
presque fermés à l'extrémité. Zones porifères larges, formées de
pores inégaux, les internes presque ronds, les externes plus
allongés ; ils sont conjugués par des sillons et forment des paires
d'autant plus obliques qu'elles sont plus éloignées du sommet.
L'espace interzonaire est légèrement costulé, à peine plus large
qu'une des zones et couvert de tubercules. Les ambulacres antérieurs comptent environ trente-deux paires de pores sur notre
plus grand exemplaire ; ils sont plus courts que les postérieurs,
qui n'en comptent pas moins de quarante. Au-delà des pétales,
les aires ambulacraires s'élargissent et sont formées de pores
arrondis, disposés par paires relativement assez rapprochées.

Péristome excentrique en avant, moins cependant que le
sommet. Il est transverse et ovale, sans lèvre proéminente. Les
cinq ambulacres, en y aboutissant, montrent des pores un peu
plus grands et plus nombreux que dans le reste de la zone apé-
taloïde, et forment une sorte de phyllode imparfait ; mais il n'y a
pas de bourrelets.

Périprocte médiocrement développé, inframarginal, transverse
et subtriangulaire.

Les tubercules qui couvrent toute la surface du test sont homogènes, très petits et entourés de fossettes, comme dans les Échinobrissidés.

Remarque. — Nous n'avons pas entre les mains l'exemplaire figuré par Coquand ; mais ceux que nous décrivons et figurons ici proviennent de la même localité, et nous ont été donnés par lui.

Rapports et différences. — Le *Pseudopygaulus Trigeri* diffère des autres espèces du genre par sa forme plus haute, plus allongée, plus étroite, plus pentagonale. Quelques exemplaires éprouvent des variations peu importantes : le sommet peut être plus gibbeux, la partie antérieure un peu plus resserrée ; mais ces détails ne modifient que légèrement la forme, qui est assez constante.

Localité. — Zoui, département de Constantine, près de la frontière de Tunisie. Partie supérieure de l'étage éocène. Assez commun, mais difficile à extraire du calcaire très dur qui empâte le fossile.

Collections Gauthier. Cotteau, le Mesle.

Explication des figures. — Pl. VI, fig. 2, *Pseudopygaulus Trigeri,* de la collection Gauthier, vu de profil ; fig. 3, le même, face supérieure ; fig. 4, le même, face inférieure ; fig. 5, face supérieure agrandie deux fois et demie ; fig. 6, péristome agrandi ; fig. 7, autre exemplaire plus pentagonal, face supérieure.

Pseudopygaulus buccalis, Peron et Gauthier, 1885.

Pl. VI, fig. 8-11.

Longueur, 14 mill. — Largeur, 12 mill. — Hauteur, 7 mill.
    — 20 —   — 17 —   10 —

Espèce de taille généralement assez petite, à peu près ovale au pourtour, presque aussi large en avant qu'en arrière. Bord partout épais ; face supérieure convexe, mais déprimée, à peine plus relevée en avant qu'en arrière, s'abaissant de tous côtés en pente très douce ; face inférieure subpulvinée, ne présentant qu'une légère dépression autour du péristome. Sommet très excentrique en avant.

Ambulacre impair à fleur de test, non logé dans un sillon. Zones porifères droites, allant directement du sommet au péris-

tome, et formant deux séries linéaires très étroites et assez
rapprochées. Les pores, extrêmement petits, sont difficilement
visibles.

Ambulacres pairs pétaloïdes, larges, lancéolés, à peu près
fermés à l'extrémité, presque égaux. Les antérieurs sont un peu
plus larges au milieu, et ils ne sont guère moins longs que les
postérieurs, le nombre des paires de pores étant pour les uns et
les autres de vingt-huit à vingt-neuf. Pores inégaux, les internes
presque ronds, les externes plus allongés ; ils sont conjugués par
un sillon.

Tubercules très petits, couvrant régulièrement toute la surface
du test, ils sont logés dans des fossettes, comme nous l'avons dit
dans la diagnose du genre.

Péristome excentrique en avant, transverse, en amande, très
large et très court, acuminé aux deux extrémités. Il n'y a pas de
bourrelets. Les aires ambulacraires, en y abordant, ne forment
point de floscelle, et sont à peine plus visibles que sur le reste de
la face inférieure.

Péristome inframarginal, relativement grand, subtriangulaire.

Rapports et différences. — Le *Pseudopygaulus buccalis* a
d'étroits rapports spécifiques avec le *Pseudop. Trigeri* que nous
venons de décrire. Toutefois, il en diffère bien certainement par
sa forme plus large. plus régulièrement ovale dans les grands
individus, presque ronde dans les petits, et toujours moins élevée
et moins gibbeuse ; par ses ambulacres pairs plus égaux, les
postérieurs étant moins développés que dans l'autre espèce ; par
son péristome beaucoup plus large et moins long, acuminé de
chaque côté. Ce dernier caractère est frappant et suffirait à lui
seul pour distinguer les deux espèces ; il est en même temps
d'une grande constance sur tous les exemplaires que nous avons
pu étudier. La partie postérieure est aussi plus arrondie et non
subrostrée, et donne ainsi à l'ensemble du test un aspect plus
court et moins anguleux.

Remarque. — Nous n'avons pas à nous occuper ici de la troisième espèce du genre *Pseudopygaulus*, que nous avons indiquée
plus haut, le *Pseudop. Maresi*, décrit récemment par l'un de
nous. Il n'a pas été rencontré jusqu'à présent en Algérie, à notre

connaissance du moins. Mais comme il a été recueilli au Kef, et que les deux localités, séparées par une limite politique où la géologie n'a rien à voir, semblent représenter le même horizon stratigraphique, il est possible qu'on recueille un jour, ou qu'on ait déjà recueilli le *Ps. Maresi* en Algérie. Nous indiquerons donc ici, à grands traits, les principales différences qui le distinguent des deux espèces précédentes. La forme générale est assez voisine du *Ps. buccalis*; elle est plus dilatée encore, plus arrondie, et surtout plus amincie à la partie postérieure. Ce dernier caractère donne au test une forme déclive postérieurement, qu'aucun de nos exemplaires ne présente au même degré. M. Cotteau indique en outre que le péristome est subpentagonal : ce détail semble rapprocher un peu le *Ps. Maresi* du *Ps. Trigeri*, si différent par sa physionomie générale, mais il l'éloigne complètement du *Ps. buccalis*, dont le péristome a une forme si particulièrement élargie et acuminée.

LOCALITÉ. — Zoui, département de Constantine. Étage éocène. Recueilli par M. le Mesle. Il est, comme le précédent, de nature siliceuse et empâté dans un calcaire très dur.

Collections le Mesle, Gauthier.

EXPLICATION DES FIGURES. — Pl. VI, fig. 8, *Pseudopygaulus buccalis*, de la collection Gauthier, exemplaire de petite taille, vu de profil ; fig. 9, le même, face supérieure ; fig. 10, autre exemplaire plus grand, face supérieure ; fig. 11, le même, face inférieure.

ECHINANTHUS BADINSKII, Pomel, 1885.

Pl. VII, fig. 1-3.

ECHINANTHUS BADI. SKII, Pomel, *loc cit.*, p. 24, pl. II, fig. 10 ; pl. III, fig. 3

Longueur, 31 mill. — Largeur, 27 mill. — Hauteur, 20 mill.
—   33 —   —   27 —   19 —

Espèce de taille médiocre, plus longue que large, assez épaisse, à pourtour régulièrement ovalaire, sauf une légère troncature à la partie postérieure. Face supérieure plus ou moins déprimée, mais toujours convexe, également déclive des deux côtés, rarement un peu plus relevée en arrière. Bord épais ;

partie inférieure pulvinée marquée d'un sinus à l'endroit où passent les quatre ambulacres pairs, et d'une dépression sensible autour du péristome. La partie postérieure est faiblement tronquée, et un sillon sous-anal, qui descend jusqu'au bord, y cause une sinuosité sensible. Sommet excentrique en avant.

Appareil apical compacte et peu développé ; quatre pores génitaux rapprochés, qu'entourent les cinq pores ocellaires en les serrant de près. Le corps madréporiforme occupe le centre, sans se prolonger en arrière,

Ambulacres tous semblables, superficiels, larges, assez longs, à peu près fermés, mais plus complètement en avant qu'en arrière. Zones porifères bien développées, larges, composées de paires de pores séparées par un fort bourrelet. Pores allongés, acuminés à la partie interne, reliés entre eux par un sillon. L'espace interzonaire est moins large qu'une des zones.

L'ambulacre antérieur impair s'avance jusque près du bord ; ses deux zones, égales, comprennent environ vingt-quatre paires chacune.

Les deux ambulacres pairs antérieurs sont un peu plus courts que les autres ; ils s'arrêtent assez loin du bord, et comptent environ vingt paires de pores dans chaque zone.

Les ambulacres postérieurs sont aussi longs que l'impair ; par suite de l'excentricité du sommet, ils finissent à une distance notable du bord postérieur.

Les aires interambulacraires n'offrent rien de particulier, sauf que la postérieure impaire est plus ou moins horizontale, selon les individus. Elles sont aiguës près du sommet, où la largeur des ambulacres ne leur laisse qu'une place réduite ; elles ne s'élèvent pas au-dessus des aires ambulacraires, qui sont complètement à fleur de test.

Péristome excentrique en avant, placé dans une dépression dont la profondeur varie légèrement. Il est pentagonal, droit, médiocrement développé. De forts bourrelets terminent les aires interambulacraires, tandis que les ambulacres forment cinq phyllodes, relativement larges et bien développés.

Périprocte occupant une partie de la troncature postérieure, elliptique et vertical, petit, étroit, placé au-dessus d'un sillon médiocre, et recouvert par une légère saillie du test. Il est situé environ à la moitié de la hauteur totale.

La granulation est peu visible sur la plupart de nos exemplaires. Là où nous pouvons la distinguer, elle est assez dense, composée de petits tubercules entourés de scrobicules qui forment sur tout le test un réseau de mailles pressées. Quelques tubercules semblent plus gros à la face inférieure.

M. Pomel a décrit cette espèce, d'après un seul exemplaire, mal conservé, et les photographies qu'il en donne ne suffisent pas à reconnaître ce type. Il n'est pas douteux cependant que nos exemplaires ne doivent être rapportés au sien ; mais sa description est inexacte en quelques points, par suite de l'insuffisance du sujet qu'il avait entre les mains. La dépression dont est marqué le bord inférieur au passage des ambulacres pairs n'existe pas seulement pour les postérieurs, mais aussi pour les antérieurs, un peu moins accusée pour ces derniers. La face postérieure n'est nullement déclive ; le terme de « forte obliquité » qu'emploie M. Pomel doit donc être rectifié ; cette partie est bien verticale sur tous nos exemplaires. Les ambulacres pairs ne sont pas complètement égaux, les antérieurs étant un peu plus courts.

Rapports et différences. — L'*Echinanthus Badinskii* est la seule espèce du genre que nous connaissions dans le terrain éocène de l'Algérie ; nous ne pouvons donc le comparer qu'à des types spécifiques étrangers à ce pays. Par sa taille médiocre et sa forme ovalaire, il se rapproche de l'*Echinanthus Oosteri* de Loriol. Il s'en distingue par son périprocte plus allongé et placé plus haut, par ses ambulacres plus développés, par sa face inférieure plus pulvinée. Il a également quelque ressemblance avec une petite espèce des Corbières, l'*Echin. Wrighti*, Cotteau. Notre espèce algérienne est toujours de plus grande taille, plus allongée, plus rétrécie en avant ; les ambulacres sont plus développés, et elle offre, à la face postérieure, un sillon sous-anal qui fait défaut dans le type auquel nous la comparons.

Localité. — Kef Iroud, département d'Alger. Étage éocène. Nous en connaissons six exemplaires, recueillis par MM. Marès et le Mesle.

Collections Gauthier, Cotteau, le Mesle.

EXPLICATION DES FIGURES. — Pl. VII, fig. 1, *Echinanthus Badinskii* de la collection Gauthier, vu de profil ; fig. 2, le même, face supérieure ; fig. 3, le même, partie anale.

ECHINOLAMPAS MARESI, Peron et Gauthier, 1885.

Pl. VII, fig. 4-5.

Longueur, 44 mill. — Largeur, 43 mill. — Hauteur, 26 mill.

Espèce de taille moyenne, à pourtour subpentagonal, épaisse, allongée, ayant sa plus grande largeur aux deux tiers postérieurs, sensiblement rostrée en arrière. Partie supérieure élevée, renflée, uniformément convexe, sauf que la partie antérieure s'abaisse plus rapidement que la postérieure, qui est plus prolongée. Bord épais et arrondi ; face inférieure à peu près plane. Sommet excentrique en avant.

Appareil apical médiocrement développé, comprenant, comme dans toutes les espèces du genre, quatre pores génitaux entourant le corps madréporiforme, dont les postérieurs sont un peu plus écartés que les autres, et cinq pores ocellaires portés par des plaques très petites. Le madréporide ne les dépasse pas en arrière.

Ambulacres longs et assez larges, l'antérieur moins bien fermé que les autres. Zones porifères égales en largeur, composées de pores inégaux, les externes étant acuminés, les internes presque ronds. Ils sont unis par un sillon, dont la dépression occasionne entre chaque paire un petit bourrelet granuleux. Espace interporifère sensiblement plus large qu'une des zones.

Ambulacre impair plus court et un peu plus étroit que les ambulacres pairs ; les deux zones porifères sont de même longueur.

Ambulacres pairs antérieurs plus courts que les postérieurs, formés de zones porifères inégales, la plus en arrière ayant sept ou huit paires de pores en plus ; elle est en outre assez fortement arquée à l'extrémité.

Ambulacres postérieurs s'étendant presque jusqu'au pourtour ; zones porifères inégales, les plus en avant étant un peu plus longues que les autres. Toutefois la différence est moins grande que dans les ambulacres antérieurs, et ne consiste qu'en trois ou quatre paires de plus ; la branche la plus longue est aussi moins arquée à l'extrémité.

Péristome excentrique en avant.

Périprocte inférieur, transverse, placé tout près du bord, sous le rostre terminal.

Granulation fine et serrée, couvrant uniformément toute la surface du test.

Rapports et différences. — Nous ne possédons qu'un exemplaire de l'espèce que nous venons de décrire ; encore n'est-il pas d'une conservation parfaite. Nous avons cru néanmoins y reconnaître des caractères distinctifs assez tranchés pour en faire un nouveau type spécifique. L'*Echinolampas Maresi* est voisin de l'*Echin. globulus*, Laube, qu'on recueille abondamment en Égypte, au Mokattan (1). Ils ont pour caractères communs la physionomie générale, la taille, et la disposition des pétales ambulacraires qui sont presque fermés dans les deux espèces. L'*Echin. Maresi* se distingue par sa forme plus élargie en arrière ; dans l'*Echin. globulus*, le pourtour, à partir du milieu, va en diminuant jusqu'au rostre postérieur, ce qui donne à ce type un aspect progressivement rétréci dans cette partie. Notre exemplaire algérien, au contraire, s'élargit jusqu'aux deux tiers postérieurs ; de cet endroit, qui est le plus large, le pourtour, par un angle accentué, se dirige vers la partie périproctale, ce qui donne à l'ensemble un aspect subpentagonal. En outre, les ambulacres sont un peu plus développés ; la différence du nombre des paires dans chaque branche des ambulacres antérieurs est moins considérable, le dessous est plus plat. Nous croyons donc qu'il y a lieu de séparer spécifiquement ces deux types, malgré les affinités qu'ils peuvent présenter. Il est fâcheux d'ailleurs que nous n'ayons qu'un exemplaire ; mais il est probable que d'autres seront recueillis dans la localité, qui viendront confirmer la description que nous venons de donner.

(1) De Loriol, *Monog. des Echin. nummul. de l'Egypte*, p. 98, pl. VII, fig. 1-5.

Localité. — Kef Iroud, étage éocène. Un seul exemplaire, recueilli par M. le Mesle.

Collection Gauthier.

Explication des figures. — Pl. VII, fig. 4, *Echinolampas Maresi*, vu de profil ; fig. 5, le même, face supérieure.

Echinolampas Nicaisei, Peron et Gauthier, 1885.

Pl. VII, fig. 6-8.

Longueur, 45 mill.   Largeur, 37 mill. — Hauteur, 25 mill.

Espèce de taille moyenne, assez élevée, à pourtour ovalaire, un peu plus large en arrière qu'en avant. Face supérieure renflée, ayant son point culminant au sommet apical, qui est fortement excentrique en avant. De là le test s'abaisse régulièrement, en pente moins fortement déclive en arrière où l'oursin est plus allongé. Face inférieure presque plane, légèrement pulvinée sur les bords, médiocrement déprimée autour du péristome.

Appareil apical montrant quatre pores génitaux, portés par de très petites plaques. Le corps madréporiforme, relativement bien développé, occupe le centre, où il forme bouton, et se prolonge un peu en arrière en disjoignant les pores postérieurs.

Ambulacres à peine pétaloïdes, tous ouverts à l'extrémité. Zones porifères très étroites, légèrement déprimées, formées de pores petits et inégaux, l'interne arrondi, l'externe faiblement allongé et acuminé. L'espace interzonaire, à fleur de test, est plus large que les deux zones porifères réunies.

Les trois ambulacres antérieurs sont à peu près égaux ; dans les pairs, la zone porifère postérieure dépasse l'autre de sept à huit paires de pores.

Les ambulacres postérieurs sont les plus longs ; ils sont loin cependant de s'étendre jusqu'au bord. La zone porifère antérieure dépasse l'autre de cinq paires, sans présenter aucune inflexion.

Au-delà de l'étoile pétaloïde, les ambulacres sont continués par des séries linéaires de pores très petits et presque invisibles ; les paires sont assez éloignées.

Aires interambulacraires à surface unie, ne présentant point de plaques renflées, et ne s'élevant pas au-dessus des ambulacres.

Péristome excentrique en avant, mais éloigné du centre.

Périprocte inframarginal, transverse, ovale, placé tout près du bord postérieur.

Des tubercules serrés, petits, uniformes, couvrent toute la face supérieure; ils sont un peu plus gros à la face inférieure. Une raie lisse, incomplète, s'étend au milieu du plastron, entre le péristome et le périprocte.

Rapports et différences. — L'*Echinolampas Nicaisei* se rapproche, par sa taille et par sa forme, de l'*Échin. Maresi*; mais il s'en distingue facilement par ses pétales ambulacraires non fermés, moins larges et moins longs, par ses zones porifères bien plus étroites, par son ensemble moins élevé et moins pentagonal. Peut-être est-ce le type que Nicaise a rapporté à l'*Échin. Escheri*; nous n'en sommes pas certains; il ne saurait, en tout cas, être confondu avec cette espèce; car il est moins régulièrement ovale, plus rétréci en avant, plus élargi en arrière, plus relevé à la face supérieure. Ses ambulacres ouverts à l'extrémité, ses zones porifères étroites se retrouvent dans une espèce que nous allons décrire plus bas, l'*Échin. sulcatus*; mais il s'en éloigne par son test plus renflé, par ses ambulacres non déprimés, par ses plaques interambulacraires non relevées en bosse, par son bord inférieur plus arrondi et plus épais. Nous n'avons pu étudier qu'un exemplaire; et tout en le considérant comme bien distinct de tous ses congénères, nous ne saurions dire si l'espèce comporte quelques variations.

Localité. — Kef Iroud. — Étage éocène.

Collection de la Sorbonne.

Explication des figures. — Pl. VII, fig. 6, *Echinolampas Nicaisei*, de la collection de la Sorbonne, vu de profil; fig. 7, le même, face supérieure; fig. 8, partie anale.

ECHINOLAMPAS SULCATUS, Pomel, 1885.

Pl. VIII, fig. 5-8.

ECHINOLAMPAS SULCATUS, Pomel, *loc. cit.*, p. 28, pl. III, fig. 4-7.

Longueur, 33 mill.	—	Largeur, 29 mill.	—	Hauteur, 16 mill.	
—	42 —	—	36 —	—	19 —
—	50 —	—	41 —	—	23 —

Espèce de forme allongée, à pourtour ovalaire, parfois sub-pentagonal, beaucoup moins large que longue, subrostrée en arrière. Face supérieure peu élevée, uniformément déclive, avec pente un peu moins rapide dans la direction postérieure. Le point culminant est au sommet apical, ou un peu en arrière, cette partie du test présentant comme profil une courbe à long rayon, ou étant presque horizontale. Face inférieure fortement déprimée autour du péristome. Sommet très excentrique en avant.

Appareil apical peu développé ; les deux pores génitaux postérieurs sont plus écartés que les autres ; le corps madréporiforme occupe le milieu, mais ne dépasse pas en arrière les pores ocellaires.

Ambulacres longs, droits, étroits, non fermés à l'extrémité. Zones porifères déprimées, composées de paires très rapprochées. Les pores sont petits, allongés et acuminés à la partie interne, reliés dans chaque paire par un sillon. L'espace interzonaire est deux fois plus large qu'une des zones ; il est légèrement costulé, mais ne dépasse pas le niveau des aires interambulacraires ; il resterait plutôt au-dessous à la partie supérieure.

Ambulacre impair semblable aux autres, aussi long que les antérieurs pairs, ordinairement un peu plus étroit.

Dans les ambulacres pairs antérieurs, la zone la plus en avant est beaucoup plus courte que l'autre, et compte neuf à dix paires de moins. Dans les grands exemplaires, la zone la plus longue compte quarante-deux paires. Un rétrécissement presque insensible marque la fin de la partie pétaloïde ; l'ambulacre se prolonge ensuite jusqu'au péristome portant des paires plus écartées et des pores difficilement visibles.

Ambulacres postérieurs plus longs que les antérieurs, s'arrêtant à une distance du bord assez considérable. Ils portent environ cinquante paires de pores ; la zone antérieure a jusqu'à cinq paires de plus que l'autre, mais cela varie selon les exemplaires ; sur quelques-uns il n'y a que deux paires en plus.

Aires interambulacraires larges, renflées. Près du sommet les sutures sont bien marquées et les plaques sont bombées, ce qui donne au test comme un aspect tessellé, et fait que la partie interzonaire des ambulacres paraît plus déprimée. Cette particularité se reproduit sur tous les exemplaires (nous en avons 25), un peu plus, un peu moins accentuée, selon les individus, et surtout selon le degré d'usure du test, mais toujours facile à constater. Ce renflement des plaques persiste généralement jusqu'à moitié de la hauteur, plus rarement presque jusqu'au bord.

Péristome excentrique en avant, largement ouvert, pentagonal, avec floscelles bien marqués. Il est placé dans une dépression du test très sensible.

Périprocte ovale transversalement, placé à la face inférieure sous la partie rostrée, sans entamer ni même atteindre complètement le bord.

Tubercules scrobiculés ordinaires au genre, relativement assez gros et saillants, ce qui donne encore plus de relief aux plaques bombées qui avoisinent le sommet.

L'*Echinolampas sulcatus* présente quelques variations qu'il est utile de signaler. Les exemplaires de petite taille sont moins allongés relativement, tout en restant aussi larges, ce qui leur donne un aspect presque circulaire ; la dépression des ambulacres est plus ou moins prononcée ; nous avons des exemplaires où cette dépression est à peine sensible ; d'autres, au contraire, où elle est exagérée ; mais ces différences ne sont souvent qu'apparentes, et dépendent, comme nous l'avons dit, du renflement plus ou moins prononcé des plaques interambulacraires. Nous faisons figurer un petit exemplaire, appartenant à la collection de la Sorbonne, où la dépression est plus accentuée que sur tous les autres. La face inférieure est aussi plus ou moins déprimée aux environs du péristome ; mais ces variations ne rompent point l'unité du type spécifique, toujours facile à reconnaître.

Rapports et différences. — L'*Echinolampas sulcatus* ressemble à l'*Echinol. ellipsoïdalis* d'Archiac par l'ensemble de sa forme allongée ; mais il s'en distingue facilement par son pourtour plus anguleux, par sa partie antérieure non rentrante, par sa hauteur moins considérable. Il se rapproche également de l'*Echin. Escheri*, Agassiz ; il est moins large, plus déclive postérieurement à la partie supérieure ; plus sensiblement rostré, plus déprimé à la partie inférieure. On peut encore comparer à notre espèce l'*Echin. silensis*, Desor, qui est allongé et rostré à la partie postérieure : l'*Echin. sulcatus* a un pourtour plus anguleux, à côtés plus rectilignes ; les ambulacres postérieurs sont plus développés. Parmi les espèces algériennes, il doit être rapproché de l'*Echin. Nicaisei*, dont il reproduit assez la physionomie ; ce dernier se distingue par sa surface unie à la partie supérieure, par ses ambulacres non déprimés. L'aspect renflé de ses plaques interambulacraires près du sommet, suffit d'ailleurs pour distinguer l'*Echin. sulcatus* de tous ses congénères. Ce caractère n'a qu'une valeur de second ordre, sans doute ; il n'est pas aussi accentué sur tous les individus ; il n'en contribue pas moins à donner à notre espèce algérienne une physionomie spéciale et qui frappe tout d'abord.

Localité. — Kef Iroud. Etage éocène. Assez commun Collections Cotteau, le Mesle, Gauthier, Peron, la Sorbonne.

Explication des figures. — Pl. VIII, fig. 5, *Echinolampas sulcatus*, de la collection Cotteau, vu de profil ; fig. 6, le même, face supérieure ; fig. 7, autre exemplaire plus petit, à ambulacres plus déprimés, de la collection de la Sorbonne, face supérieure ; fig. 8, le même, face inférieure.

Echinolampas florescens, Pomel, 1885.

Pl. VIII, fig. 1-4.

Echinolampas florescens, Pomel, *loc. cit.*, p. 26, pl. III, fig. 8-14.

Longueur, 35 mill.	— Largeur, 34 mill.	— Hauteur, 23 mill.
— 35 —	— 33 —	— 19 —
— 36 —	— 35 —	— 25 —
— 40 —	— 36 —	— 24 —
— 41 —	— 38 —	— 21 —

Espèce de taille moyenne, subpentagonale, plutôt qu'ovalaire, légèrement tronquée en avant, plus ou moins rostrée en arrière.

Face supérieure toujours renflée, quoique la hauteur soit variable, avec le point culminant à peine en arrière du sommet apical. La pente est presque uniforme de tous côtés, un peu plus abrupte en avant, un peu moins rapide en arrière dans les individus rostrés. Bord inférieur pulviné ; dépression parfois très accentuée, parfois moins, mais toujours sensible autour du péristome. Sommet à peu près central, mais plutôt porté en avant, surtout dans les exemplaires à partie postérieure prolongée.

Appareil apical peu développé, avec quatre pores génitaux, serrés de près par les ocellaires. Le corps madréporiforme occupe le centre et ne dépasse pas, en arrière, les plaques génitales.

Ambulacre impair plus étroit et plus court que les autres, ayant les zones porifères de même longueur, comptant chacune trente-deux paires de pores. Zones très étroites, un peu déprimées, tandisque l'espace interzonaire est large et légèrement saillant. Pores peu développés, l'externe un peu plus allongé que l'interne.

Ambulacres pairs égaux, comprenant de trente-huit à quarante pairs de pores. Zones porifères étroites, composées de pores petits, acuminés, reliés entre eux par d'étroits sillons. Dans les antérieurs, la zone la plus en avant est beaucoup plus courte que l'autre, et compte dix paires de pores de moins. Dans les ambulacres postérieurs, les zones sont à peu près égales, l'antérieure ne comptant guère qu'une ou deux paires de plus. Espace interzonaire large, un peu saillant, couvert de granules. Les ambulacres s'arrêtent à une grande distance du bord inférieur ; ils atteignent à peine la moitié de l'étendue qui sépare le sommet de la base. En dehors de l'étoile ambulacraire, les pores continuent, à peine visibles, superposés par petites paires en ligne droite, et portés par des plaques relativement assez larges.

Peristome excentrique en avant, située dans une dépression assez forte, pentagonal, large, entouré d'un floscelle et de bourrelets bien visibles, mais peu développés.

Périprocte inférieur, ovale transversalement, un peu plus arrondi en avant, situé à fleur de test tout près du bord postérieur.

Tubercules très petits, entourés des scrobicules habituels au genre, uniformément répandus sur toute la surface du test.

L'*Echinolampas florescens* présente quelques variations qu'il est utile de constater. Quelques exemplaires sont moins hauts et plus allongés; d'autres, au contraire, sont plus élevés et presque circulaires, d'autres, enfin, plus rares, ont une tendance à devenir subconiques. Dans les individus de grande taille, le bord inférieur s'étale quelquefois, s'élargit en s'amincissant, et donne à l'oursin un aspect tout particulier. Mais il est facile de relier toutes ces variations au type le plus fréquent, les caractères principaux restant très constamment les mêmes.

Rapports et différences. — L'*Echinolampas florescens* ressemble, comme forme générale, à l'*Echin. Crameri* de Loriol. Il en diffère pas sa taille toujours beaucoup plus grande, par sa partie postérieure moins élargie, par son bord antérieur subtronqué. Il offre également quelque analogie avec l'*Echin. globulus*, Laube, surtout si l'on compare les exemplaires les plus raccourcis de cette dernière espèce avec les plus allongés de la notre. Les différences, néanmoins, sont encore faciles à établir, même dans ce cas : l'*Echin. florescens* est subtronqué en avant au lieu d'être arrondi; le bord inférieur est pulviné, le péristome est dans une dépression plus profonde; le sommet ambulacraire est moins excentrique en avant, les ambulacres postérieurs sont plus courts, égaux aux antérieurs et s'arrêtent à une grande distance du bord, caractères qui se présentent tout autrement dans l'espèce de Laube. Les différences s'accentuent beaucoup plus si l'on compare notre type à la forme normale de l'*Echinol. globulus*, qui est bien plus allongé et relativement plus étroit, avec un développement d'ambulacres plus considérable. Les deux espèces sont donc bien distinctes, malgré quelques caractères voisins. Une espèce miocène, récemment décrite et figurée par l'un de nous (1), l'*Echinolampas elegantulus*, Millet, doit aussi être citée dans cette comparaison. La forme est à peu près la même. L'espèce miocène offre un profil supérieur plus horizontal; la partie inférieure est moins creusée autour du péristome, l'appareil apical est différent, les ambulacres sont plus ouverts à l'extré-

(1) Cotteau, *Echin. nouv. ou peu connus*, 2me série, 2me fascicule, p. 29, pl. IV, fig. 6-8.

mité, le périprocte est placé plus haut et presque ovale ; de sorte que, malgré sa forme presque identique, ce type s'éloigne du nôtre, au point de paraître tenir le milieu entre les *Echinolampas* et les *Echinanthus*.

Localité. —- Kef Iroud. Etage éocène. Cette espèce est abondante, et M. le Mesle en a recueilli une trentaine d'exemplaires.

Collections le Mesle, Gauthier, Cotteau, Peron, la Sorbonne.

Explication des figures. — Pl. VIII, fig. 1, *Echinolampas florescens* de la collection Gauthier, vu de profil ; fig. 2, le même, face supérieure ; fig. 3, autre exemplaire plus pentagonal et plus rostré, de la collection de la Sorbonne, face supérieure ; fig. 4, le même, face inférieure.

Clypeaster atavus, Pomel, 1885.

Clypeaster atavus, Pomel, *loc. cit.*, p. 30, pl. III, fig. 1-2.

Nous ne possédons aucun exemplaire de cette espèce, et nous ne la citons que d'après le mémoire de M. Pomel, renvoyant le lecteur à la description et aux figures qu'il en a données.

L'espèce est de petite taille, de forme aplatie, pentagonale, mais à angles arrondis. La face inférieure est à peu près plane, le périprocte rond et inframarginal ; le bord mince et arrondi, obtus et non tranchant. L'usure du test n'a pas permis d'étudier en détail la partie supérieure ; et, la disposition des pétales rappelant un peu celle des *Sismondia*, M. Pomel a éprouvé quelques doutes sur la détermination générique de ce fossile. Il a pu se convaincre que c'était un véritable clypéastre, en pratiquant une section transversale qui a montré l'existence de piliers internes, conformes à ceux des vrais clypéastres.

Localité. — Kef Iroud.

Sismondia Desori, Coquand, 1862.

Sismondia Desori, Coquand, *Mém. de la Soc. d'Émul. de la Provence*, t. II, p. 273, pl. XXXI, fig. 17-20, 1862.

Espèce de petite taille, subpentagonale, avec pourtour onduleux très déprimée ; bords renflés ; sommet en bouton. La plus grande largeur est à l'extrémité des ambulacres pairs antérieurs, et l'ensemble est un peu plus long que large. Dessous légèrement concave : sommet à peu près central.

Appareil apical montrant quatre pores génitaux portés par des plaques extrêmement petites, et placées autour du corps madréporiforme, qui occupe tout le milieu.

Ambulacres tous semblables, à peu près égaux, subpétaloïdes, ouverts à l'extrémité du pétale. Zones porifères étroites ; pores très petits, légèrement allongés et obliques, conjugués par un sillon. L'espace interzonaire, légèrement costulé, beaucoup plus large que les zones, porte les mêmes ornements que tout le test. A la face inférieure, les avenues ambulacraires forment un sillon simple, à peine sensible.

Péristome central, subarrondi, sans bourrelets ni floscelles beaucoup plus grand que le périprocte.

Périprocte très petit, arrondi, situé à la face inférieure, à peu de distance du bord.

Remarque. — Coquand, qui le premier a décrit cette espèce, en possédait un exemplaire plus grand que les nôtres, car la figure qu'il a donnée mesure onze millimètres de longueur, tandisque ceux que nous possédons n'en excèdent pas sept. Le même auteur dit que l'appareil apical présente cinq pores génitaux, ce qui est évidemment une erreur ; car, non-seulement nous n'en trouvons que quatre sur nos exemplaires, mais encore le dessinateur de Coquand n'en a indiqué que quatre également, en écartant les antérieurs plus que les postérieurs, ce qui est une erreur nouvelle. Coquand ajoute que l'un des cinq pores génitaux est plus éloigné du pore central ; la phrase est inintelligible, et a été probablement dénaturée à l'imprimerie. Nous ne relevons ces détails que pour mieux préciser la disposition de l'appareil, qui porte quatre pores génitaux, les postérieurs plus écartés que les antérieurs.

Rapports et différences. — La forme nettement pentagonale du *Sismondia Desori*, plus élargie en avant qu'en arrière, le distingue facilement de ses congénères. Il est relativement très déprimé, quoique les bords soient renflés, et nos petits exemplaires n'ont pas plus de deux millimètres de hauteur. Le *Sismondia Logotheti*, Fraas, qu'on a recueilli en Egypte, et qui a à peu près la même taille, est beaucoup moins anguleux, presque ovale et plus conique. Le *Sism. Sœmanni* de Loriol, également recueilli en Egypte, et qui a aussi les pétales ambulacraires costulés, se distingue à première vue par sa forme non pentagonale, Le *Sism. Caillaudi*, Cotteau, est de plus grande taille, les côtés sont plus droits et non rentrants, le pourtour moins onduleux.

Localité. — Zoui, Aïn Ougrab, département de Constantine. Couches supérieures de l'étage éocène.

Collections Coquand ? Gauthier.

Ici se termine la liste des échinides nummulitiques dont nous avons eu connaissance. Elle est courte, puisqu'elle ne compte que vingt-six espèces, et certainement elle est incomplète ; nous ne nous faisons pas d'illusion à cet égard. Mais nous n'avons pas cru devoir nous laisser arrêter par cette insuffisance de matériaux ; nous avons pensé qu'il valait mieux mettre au jour ce que nous avons pu réunir, que de le laisser dormir dans les collections, sans profit pour la science. L'avenir comblera les lacunes que nous laissons, soit qu'on recueille de nouveaux types dans les localités déjà connues, soit qu'on en explore de nouvelles. Un fait remarquable, c'est l'absence complète d'oursins réguliers. Est-ce à dire qu'il n'en a pas existé dans les couches nummulitiques de l'Algérie ? Nous ne le pensons pas ; mais on peut en conclure que les restes fossiles des échinides endocycles sont fort rares dans le terrain éocène de notre colonie. Cette rareté peut tenir à bien des causes : à la nature du fond de la mer, au plus ou moins de profondeur des eaux, à la disposition des côtes, et, peut-être aussi à la mauvaise fortune de ceux qui ont parcouru les localités fossilifères. Les points étudiés sont peu nombreux et, disons-le, fort pauvres, à l'exception du Kef Iroud. Mais les gisements n'ont pas été tous explorés, et notre liste ne contient peut-être qu'une modeste partie des richesses que l'avenir nous réserve. Les couches éocènes de la province de Constantine se continuent en Tunisie : il y aura sans doute, là, une nouvelle récolte à faire ; et déjà le succès des premiers qui s'y sont aventurés nous fait prévoir que la moisson sera fort riche.

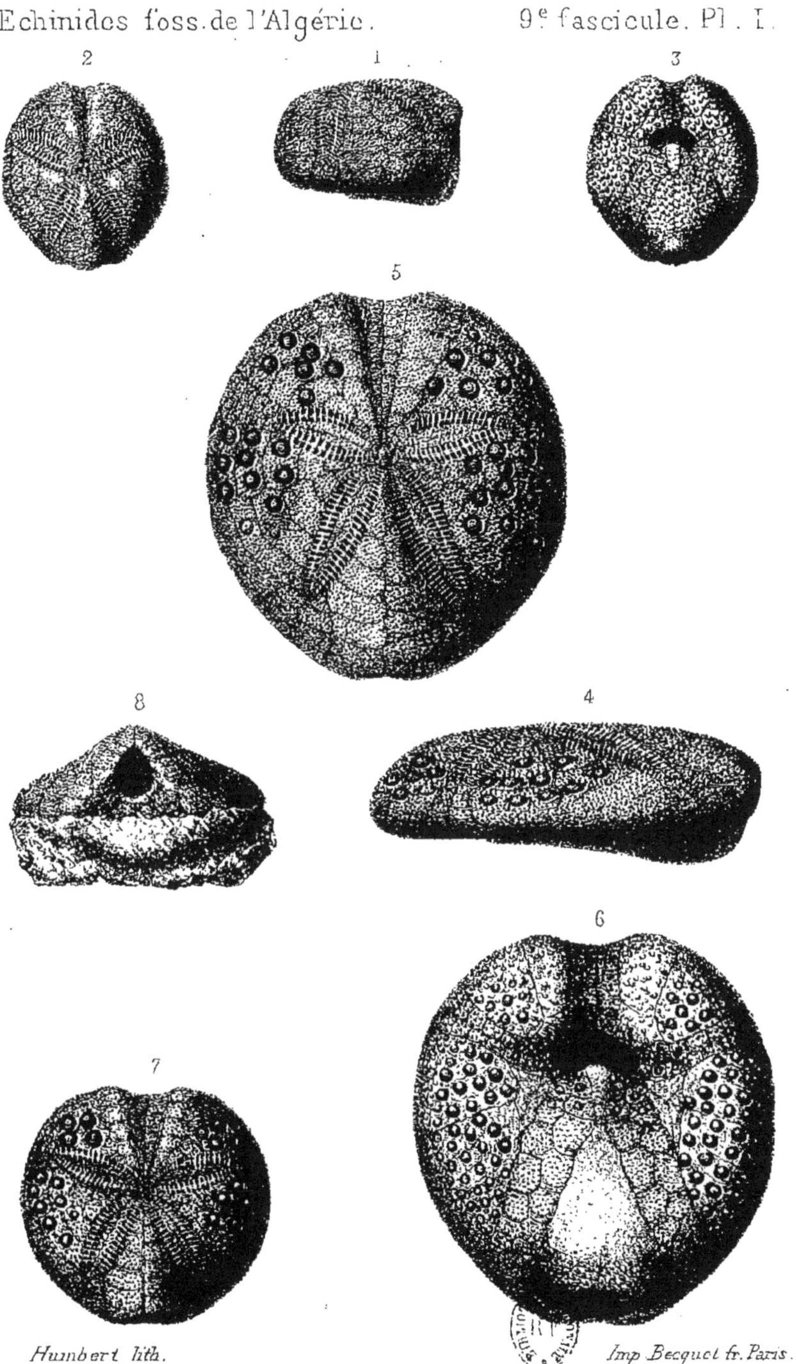

Humbert lith.

Imp. Becquet fr. Paris.

1 _ 3. *Echinocardium nummuliticum,* Peron et Gauthier.
4 _ 8. *Sarsella mauritanica,* Pomel.

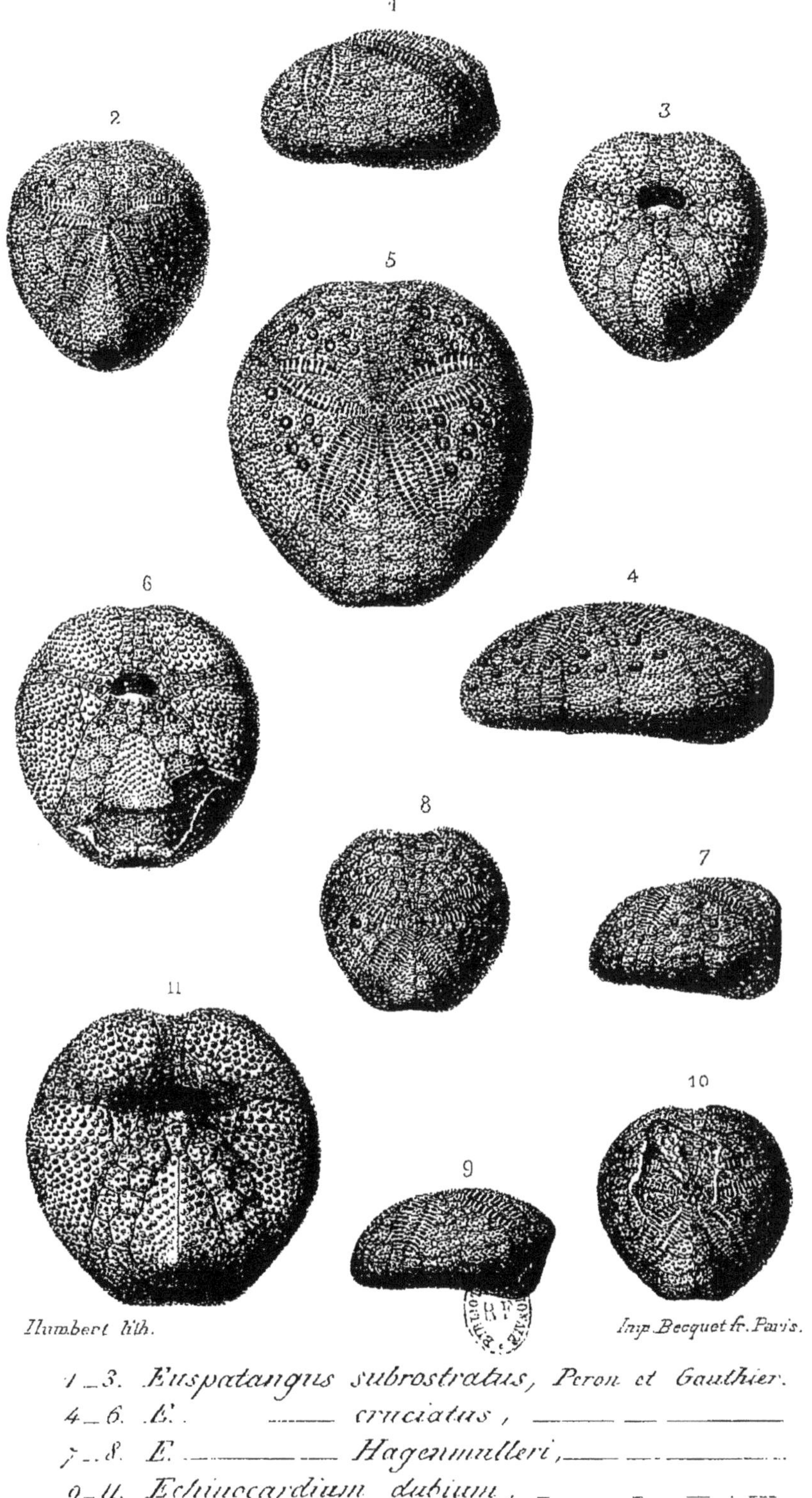

Humbert lith.   Imp. Becquet fr. Paris.

1_3. *Euspatangus subrostratus*, Peron et Gauthier.
4_6. E. _______ *cruciatus*, _____ __ ______
7_8. E. _______ *Hagenmulleri*, _____ __ ______
9_11. *Echinocardium dubium*, _____ __ ___ __ ___

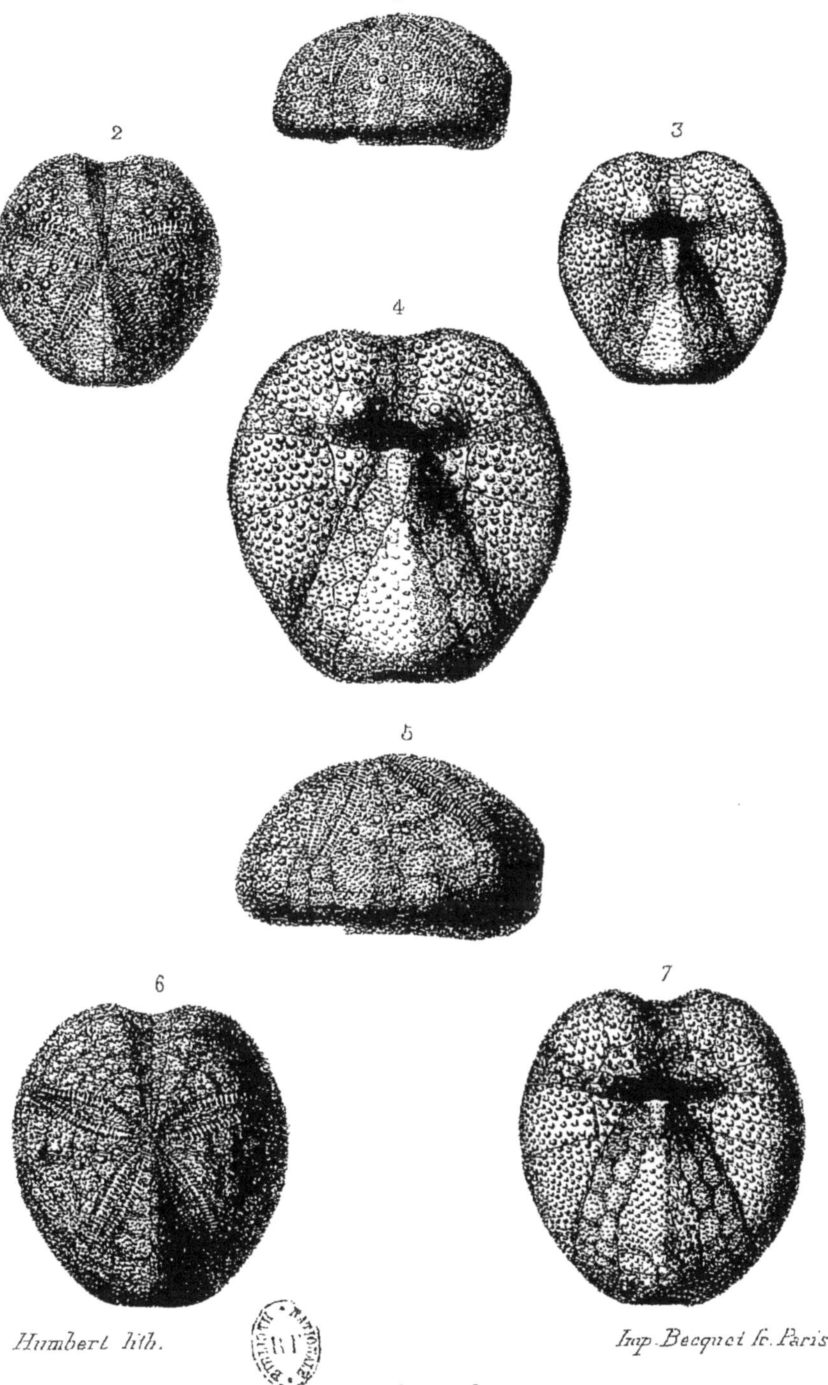

1 - 4. *Tuberaster tuberculatus*, Peron et Gauthier.
5 . 7 . *Macropneustes elongatus*, ___ ___ ___

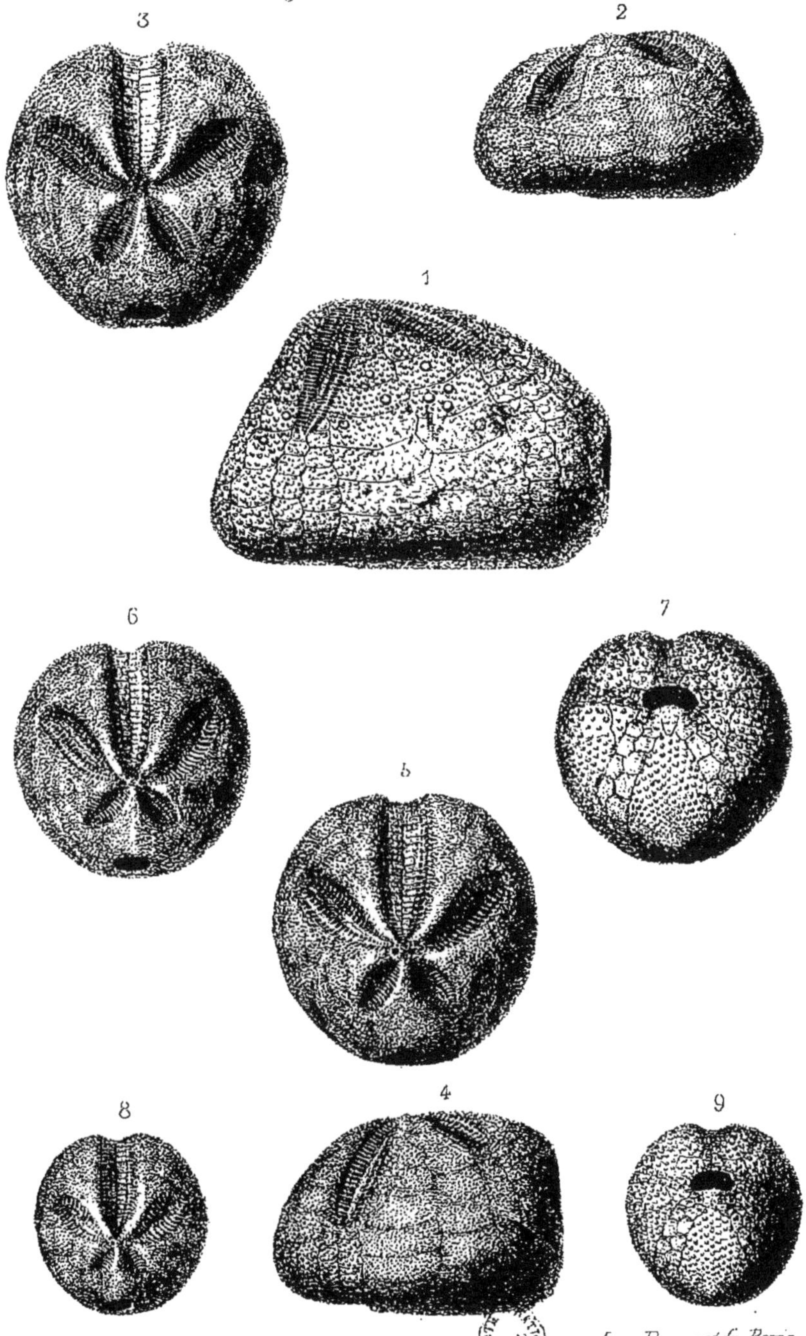

Humbert lith.

Imp. Becquet fr. Paris.

1. *Macropneustes abruptus*, Peron et Gauthier.
2-3. *Schizaster concinnus*, ——————
4-9. *S.* ——— *Meslei*, ——————

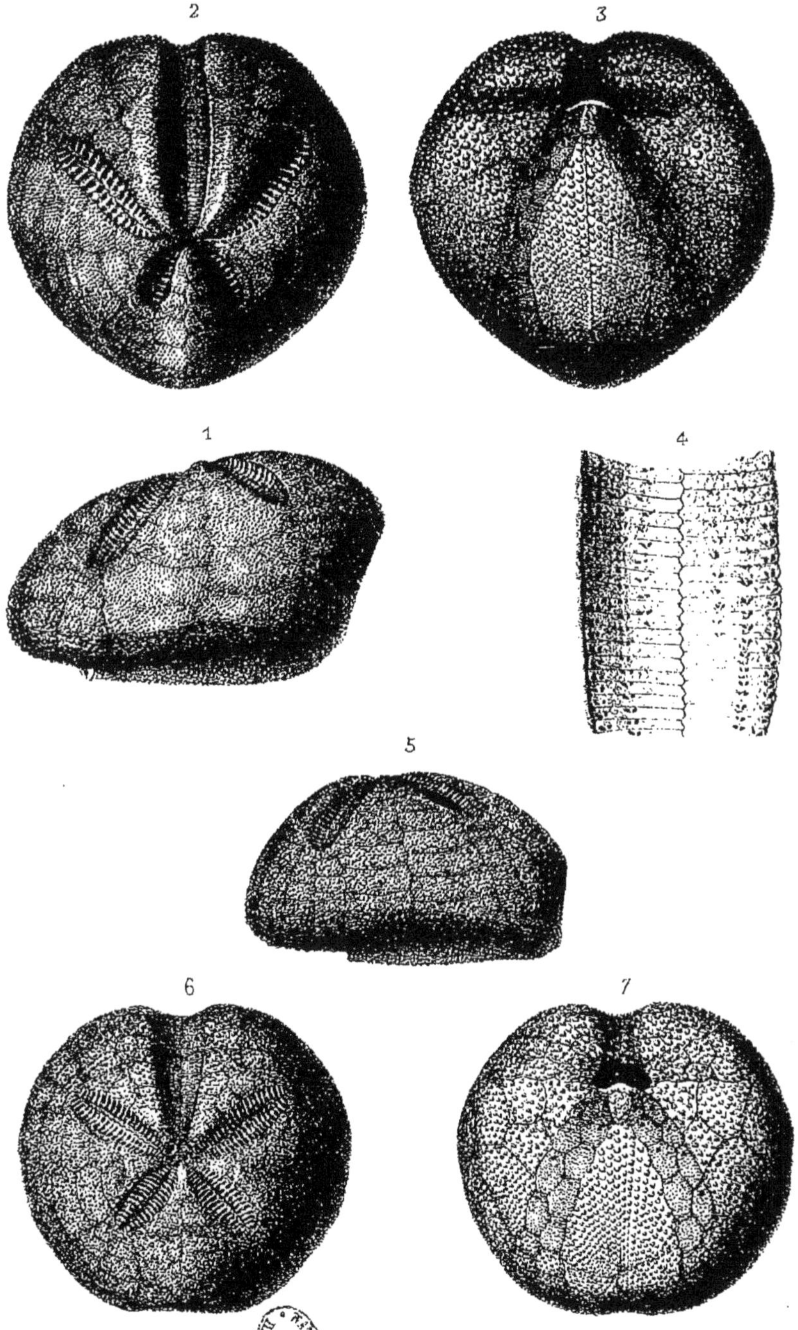

Humbert lith. Imp. Becquet fr. Paris.

1 – 4. *Schizaster vicinalis*, Agassiz.
5 – 7. *Pericosmus Nicaisei*, Pomel.

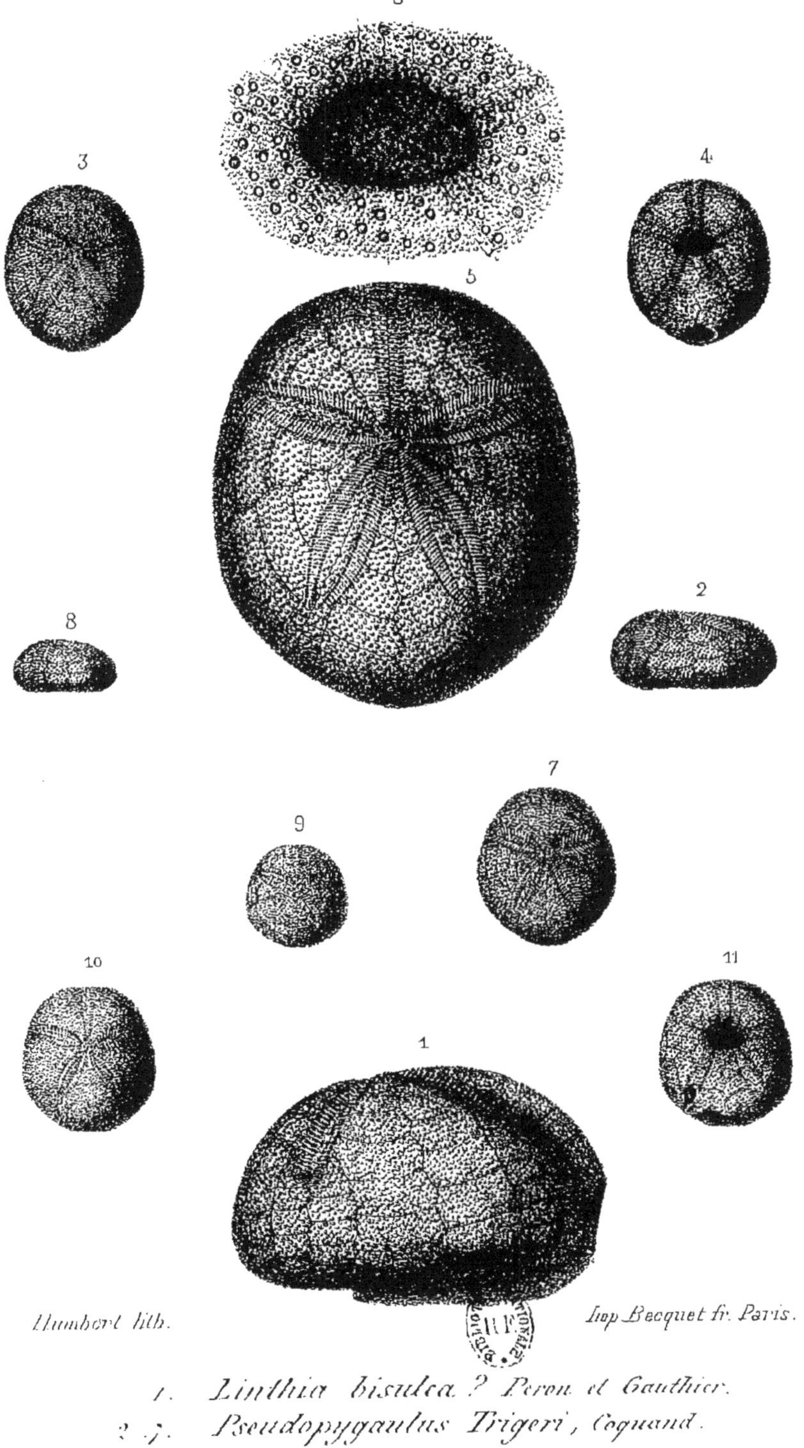

1. *Linthia bisulca ? Peron et Gauthier.*
2.-7. *Pseudopygaulus Trigeri, Coquand.*
8.-11. *P. ——————— buccalis, Peron et Gauthier.*

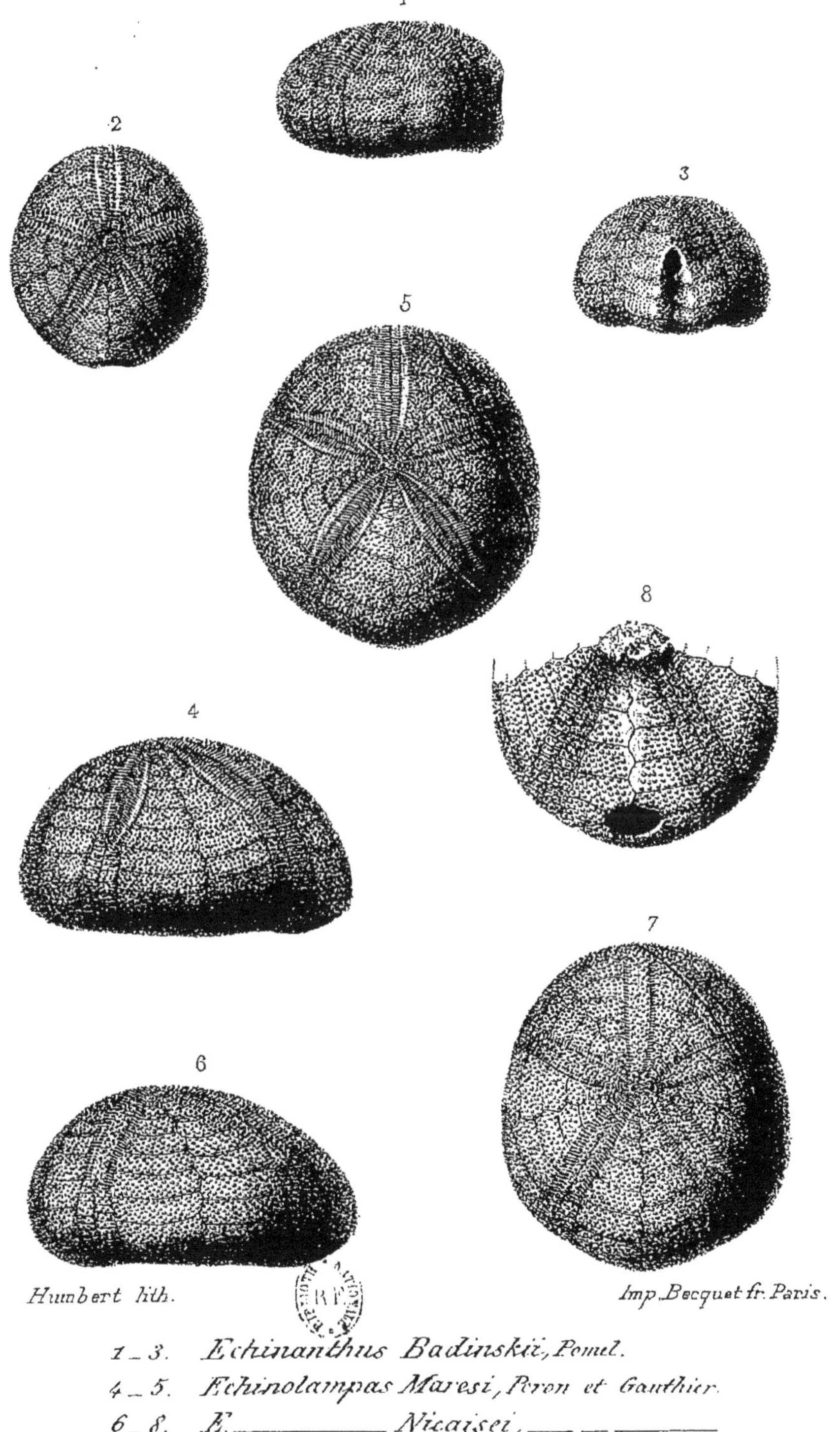

Humbert lith.   Imp. Becquet fr. Paris.

1‑3. Echinanthus Badinskii, Pomel.
4‑5. Echinolampas Maresi, Peron et Gauthier.
6‑8. E.___________ Nicaisei, ___ __ ___

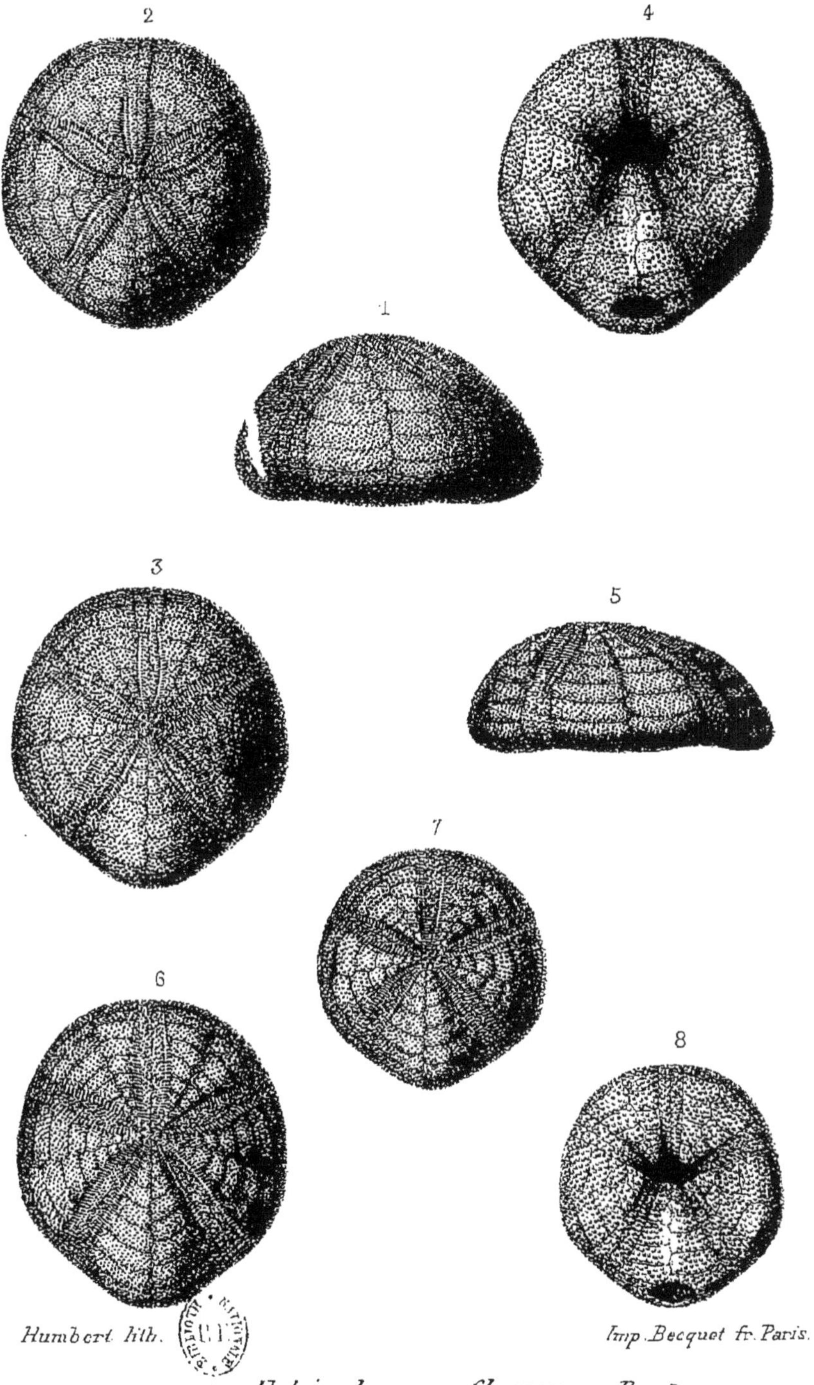

Humbert lith.   Imp. Becquet fr. Paris.

1 _ 4. *Echinolampas florescens, Pomel.*
5 _ 8. *E. _________ sulcatus, _____*

www.ingramcontent.com/pod-product-compliance
Ingram Content Group UK Ltd.
Pitfield, Milton Keynes, MK11 3LW, UK
UKHW021232230726
13926UKWH00003B/1394